Larissa Wäntig

Techniken für das Multielement-Labeling von Biomolekülen

Larissa Wäntig

Techniken für das Multielement-Labeling von Biomolekülen

Strategien für das Multielement-Labeling von Proteinen und Antikörpern für LA-ICP-MS Anwendungen in der Proteomik

Südwestdeutscher Verlag für Hochschulschriften

Imprint
Any brand names and product names mentioned in this book are subject to trademark, brand or patent protection and are trademarks or registered trademarks of their respective holders. The use of brand names, product names, common names, trade names, product descriptions etc. even without a particular marking in this work is in no way to be construed to mean that such names may be regarded as unrestricted in respect of trademark and brand protection legislation and could thus be used by anyone.

Publisher:
Südwestdeutscher Verlag für Hochschulschriften
is a trademark of
Dodo Books Indian Ocean Ltd., member of the OmniScriptum S.R.L Publishing group
str. A.Russo 15, of. 61, Chisinau-2068, Republic of Moldova Europe
Printed at: see last page
ISBN: 978-3-8381-2559-6

Zugl. / Approved by: Dortmund, TU, Diss., 2010

Copyright © Larissa Wäntig
Copyright © 2011 Dodo Books Indian Ocean Ltd., member of the OmniScriptum S.R.L Publishing group

INHALT

A	**EINLEITUNG**	**1**
A.1	Einleitung und Zielsetzung	1
A.2	Referenzen	4
B	**GRUNDLAGEN**	**5**
B.1	Aktueller Kenntnisstand	5
B.2	Massenspektrometrische Techniken	12
B.2.1	ICP-MS – Inductively Coupled Plasma Mass Spectrometry	12
B.2.2	LA-ICP-MS – Laser Ablation Inductively Coupled Plasma Mass Spectrometry	16
B.2.3	Organische Massenspektrometrie	20
B.2.3.1	Allgemeine Informationen	20
B.2.3.2	FTICR-MS – Fourier-Transform-Ionenzyklotronresonanz-Massenspektrometer	21
B.3	Immunoassay	22
B.3.1	Prinzip eines Immunoassay	22
B.3.2	Westernblot	23
B.4	Gelelektrophorese	24
B.4.1	SDS-PAGE – Sodiumdodecylsulfate Polyacrylamide Gel Electrophoresis	25
B.4.2	Isoelektrische Fokussierung	26
B.4.3	Konventionelle Nachweismethoden für Proteine im Gel	27
B.4.4	Proteolytische Spaltung von Proteinen aus dem Gel	28
B.5	Referenzen	28
C	**MATERIAL UND METHODEN**	**32**
C.1	Geräte	32
C.2	Chemikalien	33

C.3	**Protein- und Antikörpermarkierung**	**37**
C.3.1	Labeling von Biomolekülen mit SCN-DOTA und Lanthaniden	37
C.3.1.1	Eingesetzte Puffer und Lösungen	37
C.3.1.2	Durchführung	38
C.3.2	Iodierung von Biomolekülen	39
C.3.2.1	Labeling mit IODO-BEADS	39
C.3.2.2	Labeling mit KI_3-Lösung	40
C.3.2.3	Besonderheiten bei der Antikörperiodierung	40
C.4	**Quantifizierung**	**40**
C.4.1	Quantifizierung von SCN-DOTA mit UV/VIS	40
C.4.1.1	Reagenzien	40
C.4.1.2	Durchführung	41
C.4.2	Bradford-Assay mit NanoDrop® ND-1000 Spektrophotometer	41
C.4.2.1	Reagenzien	41
C.4.2.2	Bradford-Assay	42
C.4.2.3	Mini-Bradford-Assay	42
C.4.3	Quantifizierung von Elementen in Lösung mit ICP-MS	42
C.4.3.1	Eingesetzte Puffer und Lösungen	42
C.4.3.2	Kalibrationsreihe	43
C.4.3.3	Proben	43
C.4.3.4	Messung	43
C.4.4	Quantifizierung von Elementen mit TXRF – Total Reflection X-Ray Fluorescence	43
C.4.4.1	Durchführung	44
C.5	**Elektrophorese**	**44**
C.5.1	Horizontale SDS-PAGE mit Rehydration	44
C.5.1.1	Eingesetzte Puffer und Lösungen	44
C.5.1.2	Vorbereitung des Gels	44
C.5.1.3	Probenvorbereitung	45
C.5.1.4	Durchführung der Elektrophorese	45
C.5.2	Horizontale SDS-PAGE mit Ready-to-use-Gel	45
C.5.2.1	Puffer und Lösungen	45

C.5.2.2	Vorbereitung des Gels	46
C.5.2.3	Probenvorbereitung	46
C.5.2.4	Durchführung der Elektrophorese	46
C.5.3	Isoelektrische Fokussierung	46
C.5.3.1	Puffer und Lösungen	46
C.5.3.2	Probenvorbereitung	46
C.5.3.3	Durchführung	47
C.5.4	Coomassie-Brilliantblau (CBB) -Färbung der Proteinbanden im Gel	47
C.6	**Semi-Dry Blotting**	**47**
C.6.1	Eingesetzte Puffer und Lösungen	47
C.6.2	Durchführung	48
C.7	**Westernblot**	**49**
C.7.1	Puffer und Lösungen	49
C.7.2	Durchführung	49
C.8	**Tryptischer Verdau von Proteinen aus dem Gel**	**49**
C.8.1	Puffer und Lösungen	49
C.8.2	Durchführung	50
C.8.2.1	Entfärben	50
C.8.2.2	Reduzieren und Alkylieren	50
C.8.2.3	Tryptischer Verdau	51
C.9	**LA-ICP-MS**	**51**
C.10	**LC-MS/MS – Flüssigchromatographie gekoppelt mit Tandemmassenspektrometrie**	**53**
C.10.1	Informationen zur LC-Trennung	54
C.10.1.1	Lösungen	54
C.10.1.2	Durchführung	54
C.10.2	Einstellungen für die Elektrospray-MS/MS	54
C.11	**Referenzen**	**54**
D	**ERGEBNISSE UND DISKUSSION**	**56**

D.1	**Labeling von Biomolekülen mit SCN-DOTA und Lanthaniden**	56
D.1.1	Markierung von Proteinen	56
D.1.1.1	Entwicklung eines verbesserten Protokolls zur Proteinmarkierung mit SCN-DOTA und Lanthaniden	58
D.1.1.2	Reproduzierbarkeit der Labelingmethode	61
D.1.1.3	Einfluss des Labelinggrades auf den isoelektrischen Punkt und das Molekulargewicht	63
D.1.1.4	Einfluss des pH-Wertes auf den Labelinggrad	65
D.1.1.5	Nachweisgrenzen für die Proteinbestimmung mit Hilfe von bifunktionellen Liganden und LA-ICP-MS	66
D.1.1.6	Stabilität des Labels SCN-DOTA(Ln)	67
D.1.1.7	Eignung verschiedener Lanthanidsalze für das Proteinlabeling mit SCN-DOTA	68
D.1.1.8	ESI-MS Untersuchungen	70
D.1.1.9	Erste Multiplexing-Versuche mit ausgewählten Proteinen	70
D.1.1.10	Labeling eines Gesamtproteoms	75
D.1.2	Fazit	76
D.1.3	Derivatisierung von Antikörpern und deren Anwendung in Multiplexing-Westernblots	78
D.1.3.1	Ausgewählte Antikörper	78
D.1.3.2	Optimierung der Antikörperderivatisierung	78
D.1.3.3	Optimierung des Westernblot-Assays	80
D.1.3.4	Reproduzierbarkeit des Westernblots	81
D.1.3.5	Stabilität der markierten Antikörper	81
D.1.3.6	Vergleich von LA-ICP-MS und Chemilumineszenz-Detektion	82
D.1.3.7	Nachweisgrenzen mit LA-ICP-MS	83
D.1.3.8	Simultane Detektion eines Multiplexing-Westernblots mit LA-ICP-MS	84
D.1.3.9	Quantifizierung von Antigenen in Westernblot-Assays mit LA-ICP-MS	87
D.1.4	Cytochrom-P450-Profiling mittels Multiplexing-Westernblot und LA-ICP-MS	88
D.1.4.1	Einführung	88
D.1.4.2	Aufbau des Experiments	92
D.1.4.3	Verhalten der Antikörper in einfachen Westernblots	94
D.1.4.4	Multiplexing-Westernblot	95
D.1.4.5	Validierung der Ergebnisse aus dem Multiplexing-Westernblot	101

D.1.5	Fazit	103
D.2	**Labeling von Biomolekülen mit Iod**	**104**
D.2.1	Derivatisierung von Proteinen mit IODO-BEADS	104
D.2.1.1	Optimierung der Reaktionsbedingungen	106
D.2.1.2	Reproduzierbarkeit und Nachweisgrenzen	107
D.2.1.3	Derivatisierung ausgewählter Proteine	108
D.2.2	Derivatisierung von Antikörpern mit IODO-BEADS	110
D.2.3	Derivatisierung von Proteinen mit KI_3	113
D.2.3.1.	Konzentrationsabhängigkeit	114
D.2.3.2	Reaktionszeit	115
D.2.4	ESI-MS-Untersuchungen am iodiertem Lysozym nach Derivatisierung mit IODO-BEADS und KI_3	116
D.2.5	Iodierung eines Gesamtproteoms mit IODO-BEADS und KI_3	118
D.2.5.1.	Derivatisierung von Mikrosomen mit IODO-BEADS und KI_3	118
D.2.5.2	Einfluss des Iodlabels am Antigen auf den Nachweis im Westernblot	121
D.2.6	Derivatisierung von Antikörpern mit KI_3	122
D.2.7	Vergleich von Westernblots mit unterschiedlich markierten Antikörpern und LA-ICP-MS-Detektion sowie Nachweis mittels Chemilumineszenz	123
D.2.8	Fazit	124
D.3	**Referenzen**	**127**
E	**ZUSAMMENFASSUNG**	**129**
E.1	**Zusammenfassung und Ausblick**	**129**
E.2	**Referenzen**	**133**
F	**ANHANG**	**134**
F.1	Methoden für die LA-ICP-MS	134
F.2	Anhang Kapitel D.1.1.1	135
F.3	Anhang Kapitel D.1.1.8	137
F.4	Anhang Kapitel D.1.4.	138
F.5	Anhang Kapitel D.2.4	145

G	**ABKÜRZUNGSVERZEICHNIS**	147
G.1	Allgemeine Abkürzungen	147
G.2	Buchstabencode für Standard-Aminosäuren	150

A EINLEITUNG

A.1 Einleitung und Zielsetzung

Das Proteom wird definiert als „die quantitative Darstellung des gesamten Proteinexpressionsmusters einer Zelle, eines Organismus oder einer Körperflüssigkeit unter genau definierten Bedingungen. (1)" Etwa 20.000 – 25.000 Gene des Menschen enthalten die Bauanleitung für über 10 Millionen verschiedene Proteinmoleküle (2), die u.a. durch Abspaltung von Aminosäureresten oder durch posttranslationale Modifikationen, wie Phosphorylierung oder Glykosylierung, erst in ihre aktive Form überführt werden und zudem in stark unterschiedlichen Mengen (1 – 10^6 Kopien pro Zelle) vorliegen können. Im Gegensatz zum statischen Genom, welches durch Abfolge, Art und Zahl seiner Nukleotide definiert ist, ist das Proteom ein sehr dynamisches System, da es die funktionelle Proteinexpression reflektiert und durch viele Umweltbedingungen (oxidativer Stress, Pharmaka, Temperatur, Zell-Zell-Interaktionen, ...) beeinflusst wird.

Das Ziel der Proteomik ist es die Gesamtheit aller Proteine einer Zelle zu analysieren und quantitativ zu interpretieren. Dabei wird auch die Dynamik von Proteinexpressionsmustern erforscht, um beispielsweise kranke und gesunde Zellen zu vergleichen und krankheitsrelevante Proteine identifizieren zu können. Diese können dann als Angriffspunkte für neue Medikamente genutzt werden, oder sie können als Biomarker in der Früherkennung dienen. Allerdings sind viele der in der Biochemie eingesetzten Analysemethoden mit einem hohen Zeit- und Arbeitsaufwand verbunden und liefern häufig nicht die gewünschte Genauigkeit. Deshalb sind Weiterentwicklungen der vorhandenen Methoden und neue Entwicklungen in der Bioanalytik nötig, um die sehr komplexen Proteinmuster einer Zelle zu jedem Zeitpunkt zu erfassen und auflösen zu können.

Besonders die Elektrophorese wird häufig für die Trennung von komplexen Proteinproben in der Bioanalytik eingesetzt. Das Trennprinzip basiert darauf, dass geladene Teilchen unterschiedlicher Ladung und Größe im elektrischen Feld mit unterschiedlichen Geschwindigkeiten wandern; dabei bilden die einzelnen Substanzen diskrete Banden. Mittels zweidimensionaler (2D-) Elektrophorese können ganze Zelllysate oder Gewebeaufschlüsse in ihre Proteinbestandteile aufgetrennt werden. In solchen Gelen kann man mit hoch empfindlichen Nachweismethoden, wie der Fluoreszenz-Detektion, mehrere tausend Proteinspots detektieren. (1) Zur anschließenden Identifizierung werden üblicherweise ausgewählte Proteinspots ausgeschnitten, tryptisch verdaut und mittels organischer Massenspektrometrie (MS) weiter untersucht. (s. auch Kapitel B.2.3 und B.4)

A Einleitung

Obwohl in der Proteomik, durch die Anwendung leistungsfähiger organischer Massenspektrometer, große Fortschritte erzielt worden sind, stellt die Quantifizierung auch heute noch eine besondere Herausforderung dar, weil geeignete Substanzen zur Kalibrierung der organischen Massenspektrometer häufig nicht verfügbar sind. Um dieses Problem zu lösen, sind deshalb unterschiedliche, teils recht aufwendige Verfahren entwickelt worden und unter diesen kommt der Proteinmarkierung mit Elementen (= Elementlabeling[1]) eine besondere Bedeutung zu. (3) (4) (5)

Ein weiteres wichtiges Verfahren zum Nachweis ausgewählter Proteine in der Bioanalytik ist der Immunoassay. Dieser basiert auf der hohen Spezifität von Antikörpern in der Erkennung von Antigenen[2], besonders solchen die sich nur geringfügig unterscheiden. Es gibt viele verschiedene Methoden, die auf diesem Prinzip basieren; beispielsweise wird beim Westernblot-Assay ein Proteingemisch elektrophoretisch getrennt, anschließend auf einem Träger (z.B. Nitrocellulose) immobilisiert und dann mit markierten Antikörpern inkubiert. Die Detektion erfolgt üblicherweise mittels Chemilumineszenz und macht im Idealfall eine spezifische Proteinbande im Gemisch sichtbar. (weitere Details s. Kapitel B.3)

Die Massenspektrometrie mit induktiv gekoppeltem Plasma (Inductively Coupled Plasma Mass Spectrometry, ICP-MS) ist eine der schnellsten und meist genutzten Verfahren zur Multielement-Spurenanalyse. Aufgrund ihrer hohen Empfindlichkeit und ihrem weiten linearen Messbereich ist die ICP-MS auch sehr gut geeignet, um biochemische und medizinische Fragestellungen zu lösen. Proteine können mit Hilfe der ICP-MS direkt bestimmt werden, indem z.B. der Schwefelanteil gemessen wird, der in den Methionin- und Cysteinresten vorhanden ist. Phosphoproteine können mit Hilfe ihres Phosphoratoms detektiert werden. Zudem wurden Labelingstrategien nicht nur für die organische MS, sondern auch für die Anwendung in der ICP-MS entwickelt. Auf diese Weise können auch Proteine untersucht werden, die kein messbares Heteroelement besitzen. Die Vorteile der ICP-MS liegen u.a. in den wesentlich besseren Nachweisgrenzen im Vergleich zu photometrischen und colorimetrischen Verfahren. Sie zeigt geringe bis keine Matrixeffekte, die durch die vielfältigen Komponenten einer biologischen Probe verursacht werden können und die Kalibration erfolgt

---

[1] Der Begriff Labeling ist die englische Variante für das Wort Markierung und wird in dieser Arbeit häufig als Synonym für dieses eingesetzt, da es der mittlerweile übliche Begriff in der Massenspektrometrie ist.

[2] „In der Immunologie ist der Begriff Antigen nicht durch eine chemische Konfiguration definiert, sondern durch die Existenz eines Antikörpers, der mit einer bestimmten Affinität eine Substanz bindet. Diese Substanz hat damit eine durch den Antikörper definierte antigene Spezifität. (1)"

substanzunabhängig. Zudem ermöglicht die ICP-MS die Multianalyt-Detektion, da viele Elemente gleichzeitig bestimmt werden können.

Ziel dieser Arbeit ist es Strategien zum Labeling von Proteinen und Antikörpern zu entwickeln, so dass der simultane Nachweis, die Identifizierung und gegebenenfalls die Quantifizierung vieler Proteine mittels Laser Ablation (LA-) ICP-MS auf einer Blotmembran nach Trennung durch Elektrophorese möglich werden. Der Probeneintrag erfolgt dabei durch einen Laser, der Partikel aus der Membran herausschlägt, so dass das entstehende Probenaerosol mit Hilfe eines Transportgases in das ICP-MS überführt werden kann (s. auch Kapitel B.2.2). Da es mit der ICP-MS möglich ist Multiplexing[3]-Experimente durchzuführen, können mehr Informationen über verschiedene Analyte in einem einzigen Experiment, bei gleichzeitiger Reduzierung von Arbeitszeit und Verbrauchsmaterial, erhalten werden.

Der Schwerpunkt dieser Arbeit liegt auf der Derivatisierung von Proteinen und Antikörpern mit bifunktionellen Chelatkomplexen. Neben Derivaten des Diethylentriaminpentaessigsäuredianhydrid (DTPA) oder der Ethylendiamintetraessigsäure (EDTA) hat sich der bifunktionelle Ligand 2-(4-Isothiocyanatobenzyl)-1,4,7,10-tetraazacyclododecan-1,4,7,10-tetraessigsäure (SCN-DOTA) in der Radioimmuntherapie als vielversprechender Makrozyklus bewährt (6) und wurde deshalb für dieses Projekt ausgewählt. Die Isothiocyanatgruppe des DOTA-Derivats reagiert mit den ubiquitären Aminogruppen von Proteinen. Anstelle von radioaktiven Metallen können stabile dreiwertige Lanthanidionen zur Bildung des Chelatkomplexes mit dem DOTA-Makrozyklus eingesetzt werden und so für die Detektion von Proteinen mit Hilfe der ICP-MS Anwendung finden. Lanthanide sind sich in ihren physikalischen und chemischen Eigenschaften sehr ähnlich und bilden mit bidentaten Liganden, wie den Carbonylresten am DOTA, sehr stabile Komplexe mit hohen Koordinationszahlen aus.

Des Weiteren bietet das Labeling von Biomolekülen mit Iod eine Erweiterung der Möglichkeiten und soll deshalb in dieser Arbeit ebenfalls betrachtet werden. Das Verfahren wurde erstmals von Markwell (7) für die Markierung von Antikörpern mit radioaktiven ^{125}I eingesetzt und ist ausführlich durch den Hersteller PIERCE (8) beschrieben.

Die meisten der genannten Verfahren sind weder für den Einsatz in der LA-ICP-MS optimiert noch für die Verwendung in Westernblots entwickelt. Deshalb müssen zunächst die Reaktionsparameter für die ausgewählten Labelingreagenzien optimiert werden. Dazu gehören u.a. der Einfluss von pH-Wert, Zeit und Ligandenüberschuss auf die Rate der

---

[3] Der Begriff Multiplexing bezeichnet die Kombination mehrerer Assays, so dass die simultane Analyse von vielen Parametern in einer Probe möglich wird.

A Einleitung

Proteinkonjugation[4]. Das Labeling sollte möglichst effizient sein, d.h. es sollte eine möglichst hohe Empfindlichkeit in der ICP-MS erzielt werden, ohne die besonderen Eigenschaften der Proteine und insbesondere der Antikörper in der Probenvorbereitung zu verändern. So muss im Falle der Antikörper die spezifische Reaktivität gegen das Antigen erhalten bleiben. Auch die Stabilität der Lanthanid-Chelatkomplexe sollte geprüft werden, um einen Metallaustausch zwischen den Komplexen während der angestrebten Multiplexing-Experimente zu vermeiden.

Zunächst sollte gezeigt werden, dass die optimierten Labelingverfahren (SCN-DOTA und Lanthanid; Iodierung) eingesetzt werden können, um komplexe Proteinproben direkt zu markieren und mit LA-ICP-MS zu detektieren. Des Weiteren sollte zur simultanen Identifizierung und Quantifizierung mehrerer Proteine ein Westernblot-Assay für die indirekte LA-ICP-MS-Detektion über elementmarkierte Antikörper entwickelt werden.

Zur Demonstration der Leistungsfähigkeit dieser Methode, wurde ein Problem aus der aktuellen Grundlagenforschung aufgegriffen: die chemikalieninduzierte Expression von Cytochrom P450 (CYP). CYP sind eine Gruppe von Hämproteinen, die an der Metabolisierung von Schadstoffen beteiligt sind. Die Erprobung der Multiplexing-Methode an einer realen Fragestellung wurde in Zusammenarbeit mit der Arbeitsgruppe Molekulare Toxikologie von PD Dr. P. H. Ross (Leibniz-Institut für Arbeitsforschung an der TU Dortmund, IfADo) durchgeführt.

A.2 Referenzen

1. **Lottspreich, F., Engels, J. F.** Bioanalytik. München : Elsevier GmbH, 2006.
2. **Consortium, International Human Genome Sequencing.** 2004, Nature, Bd. 431, S. 931-945.
3. **Linscheid, M. W.** 2005, Anal. Bioanal. Chem., Bd. 381, S. 64-66.
4. **MacCoss, M. J., Matthews, D. E.** 2005, Anal. Chem., Bd. 77, S. 294A-302A.
5. **Prange, A., Pröfrock, D.** 2008, J. Anal. At. Spectrom., Bd. 23, S. 432-459.
6. **Liu, S., Edwards, D.S.** 2001, Bioconj. Chem., Bd. 12, S. 7-13.
7. **Markwell, M. A. K.** 1982, Anal. Biochem., Bd. 125, S. 427-432.
8. Product description for IODO-BEADS® Iodination Reagent. **PIERCE.**
9. Chemgapedia. [Online] [Zitat vom: 20. März 2010.] http://www.chemgapedia.de.

---

[4] Der Begriff Konjugation beschreibt die kovalente Kopplung zweier oder mehrerer Reaktionspartner zu einem Produkt (= Konjugat).

B GRUNDLAGEN

B.1 Aktueller Kenntnisstand

Dieses Kapitel soll einen Überblick über den aktuellen Stand der Forschung zum Thema Proteindetektion mittels ICP-MS und Elementlabeling geben.

Chemische Label und natürliche Heteroelemente werden häufig für die Detektion von Biomolekülen genutzt und spielen eine große Rolle in der quantitativen Proteomik. (1) (2) Eine gute Übersicht der heutzutage etablierten Label, gibt der Review von Prange und Pröfock. (3) Besonders bifunktionelle Liganden haben sich bereits in Analytik, Biologie und Medizin etabliert. Diese setzen sich aus dem metallbindenden Makrozyklus, dem Element, welches detektiert wird und einer reaktiven Gruppe zusammen, die kovalente Bindungen mit Biomolekülen wie Peptiden oder Proteinen eingeht (s. auch Abbildung B-1). In der Medizin werden bifunktionelle Liganden als Kontrastmittel und in der Radioimmunotherapie eingesetzt. (4) Des Weiteren finden sie in bioanalytischen Assays Verwendung. (5) Tabelle B-2 zeigt einige ausgewählte bifunktionelle Liganden und ihre Reaktionsmechanismen.

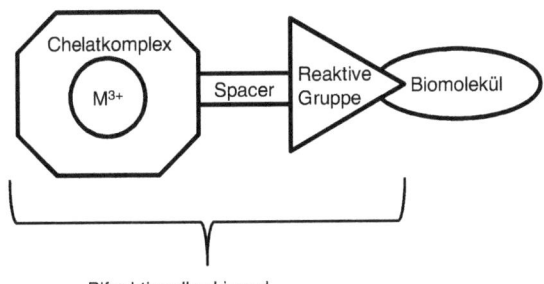

Abbildung B-1: Schematische Darstellung der beteiligten Labelingkomponenten. Der bifunktionelle Ligand setzt sich aus einem Makrozyklus, der mit einem dreiwertigen Metall einen Chelatkomplex ausbildet, einem kurzen Platzhalter (Spacer) und einer reaktiven Gruppe, die an das Biomolekül koppelt, zusammen.

Die Verwendung von N-Hydroxysuccinimid (sulfo-NHS), gebunden an einen DOTA-Makrozyklus, wurde durch Lewis et al. (6) beschrieben. Dabei wird ein 100-facher Überschuss sulfo-NHS-DOTA, in Bezug auf die verwendete Menge Protein, eingesetzt und radioaktive Isotope werden zum Labeling (^{111}In und ^{90}Y) genutzt. Unter optimierten Bedingungen wird ein Labelinggrad von 3,8 für einen Antikörper und ca. 9 für das Protein Cytochrom C erhalten. Dieses Ergebnis demonstriert, dass der Labelinggrad stark vom gewählten Protein abhängt. Zudem ist die theoretische Anzahl der Bindungsstellen für den bifunktionellen Liganden weitaus höher, als die Rate der tatsächlich erreichten Proteinkonjugation. Allerdings wird selten ein vollständiges Labeling am intakten Protein/Antikörper erzielt, da z.b. Oberflächeneffekte oder sterische Behinderungen auftreten können.

Aus einer großen Auswahl verschiedener Komplexbildner (u.a. Diethylentriaminpentaessigsäuredianhydrid (DTPA), 1,4,8,11-Tetraazacyclotetra- decan-1,4,8,11-tetraessigsäure (TETA), 1,4,7,10-Tetraazacyclododecan-1,4,7,10-tetraessigsäure (DOTA)), verglichen McDevitt et al. (7) die Ausbeute von radioaktivem ^{225}Ac in den Chelatkomplexen. In einem weiteren Versuch untersuchte die Gruppe wie viel Chelatkomplex an den Antikörper Immunoglobin G (IgG) bindet. Hier zeigen die DOTA-Verbindungen den höchsten Labelinggrad am IgG und die besten Ausbeuten in der Probenvorbereitung.

Die oben aufgeführten Labelingtechniken basieren auf dem Nachweis des Elementlabels über dessen Radioaktivität. Der Radioimmunoassay ist aufgrund seiner sehr hohen Sensitivität (bis zu 0,5 pg/ml) immer noch die Methode der Wahl. Allerdings sind diese Assays aufgrund der Radioaktivität mit hohen Sicherheitsmaßnahmen und Kosten für spezielle Labore und Zählgeräte verbunden. Zudem sind Radionuklide wegen ihrer Halbwertszeit nicht lagerbar. (8) Deshalb wird nach Möglichkeiten gesucht, radioaktives Material in Zukunft zu vermeiden. Methoden, die auf der Detektion mit Atomspektroskopie basieren, insbesondere MS-Methoden sind daher vielversprechende Alternativen.

Bifunktioneller Ligand	R =	Element	Kopplung der reaktiven Gruppe ans Protein	Referenz
	AcBD	Tb, Y, Lu	Alkylierung einer Sulfhydrylgruppe	P. A. Whetstone, N. G. Butlin, T. M. Corneille, C. F. Meares, Bioconj. Chem., 2004, 15, 3 – 6
	p-SCN-Bn-DOTA	^{225}Ac	Die SCN-Gruppe reagiert mit Aminogruppen bei pH 9	M. McDevitt, D. Ma, J. Simon, R. K. Frank, D. A. Scheinberg, Appl. Radiation and Isotopes, 2002, 57, 841 – 847
	p-SCN-Bn-DTTA	Eu		C. Zhang, F. Wu, Y. Zhang, X. Wang, X. Zhang, J. Anal. At. Spectrom., 2001, 16, 1393 – 1396
DOTA-OSSu		^{111}In, ^{90}Y	N-Hydroxysulfosuccinimidester reagiert mit Aminogruppen bei pH 8-9	M. R. Lewis, A. Raubitschek, J. E. Shively, Bioconjugate Chem., 1994, 5, 565 – 576
	MeCAT	Ho, Tm, Tb, Lu	Der Maleimidrest reagiert mit Thiolgruppen bei pH 7 nach Reduktion des Proteins mit TCEP	R. Ahrends, S. Pieper, B. Neumann, C. Scheler, M. W. Linscheid, Anal. Chem., 2009, 81, 2176 – 2184
	Maleimid-funktionalisierter Polymerligand (A = DOTA oder DTTA)	Ln		X. Lou, G. Zhang, I. Herrera, R. Kinach, O. Ornatsky, V. Baranov, M. Nitz, M. A. Winnik, Angew. Chem. Int. Ed. 2007, 46, 1 – 5

Tabelle B-1: Verschiedene bifunktionelle Liganden und ihre Kopplungsreaktion an Proteine. R = reaktive Gruppe, R' = Makrozyklus.

B Grundlagen

Für die Ausbildung von Chelatkomplexen zeichnen sich die Lanthanide besonders aus. Aufgrund ihrer ähnlichen Komplexierungseigenschaften und ihrem niedrigen natürlichen Untergrund in biologischen Proben, sind die Lanthanide sehr gut für die Detektion mit ICP-MS geeignet. Besonders der DOTA-Makrozyklus zeigt eine sehr starke Ln^{III}-Koordination (s. auch Tabelle B-2) und wurde deshalb für diese Arbeit als Bestandteil des bifunktionellen Liganden, für die Elementmarkierung von Biomolekülen ausgewählt.

Element	Log K_F	Log K_{DTPA}	Log K_{DOTA}
La	2,67	19,48	22,86
Eu	3,19	22,39	23,45
Gd	3,31	22,46	24,67
Tb	3,42	22,71	24,22
Ho	3,52	22,78	24,54
Lu	3,61	22,44	25,41

Tabelle B-2: Stabilitätskonstanten (K) ausgewählter Lanthanidfluoride sowie von Lanthanidkomplexen mit DTPA und DOTA. (9) Je größer K bzw. log K desto beständiger ist der Komplex. In allen Fällen zeigen die Lanthanidkomplexe mit DOTA die bessere Stabilität.

Das Forschungsfeld der Proteomik, basierend auf dem Elementlabeling und der Detektion von Heteroelementen, ist heutzutage zunehmend in der bioanorganischen Analytik und Elementspeziation von Bedeutung. Dies zeigt sich auch in dem innovativen Artikel von Baranov et al. (10), dem Review von Szpunar (11) und einem Editorial von Sanz-Medel (12) und Bettmer et al. (13). Die Vorteile der ICP-MS gegenüber konventionellen Methoden sollen hier kurz aufgeführt werden:

- Geringe bis keine Matrixeffekte in biologischen Proben.
- Niedrige Nachweisgrenzen ($> 0,1 - 1$ ppt (14)).
- Großer linearer und dynamischer Messbereich (bis zu acht Größenordnungen (14)).
- Einfache substanzunabhängige Kalibrierung.
- Möglichkeit von Multianalyt-Bestimmungen.
- Hoher Probendurchsatz.
- Einfache on-line Kopplung mit verschiedenen Trenntechniken.

Die Atomspektroskopie und insbesondere die ICP-MS, gekoppelt mit LC-Trenntechniken, sind mittlerweile etablierte Methoden für die Detektion von Heteroelementen in Proteinen wie P (15), S (16), Se (17), Cd (18) und anderen Metallen (19) (20). Eine weitere, vielversprechende Möglichkeit ist die Detektion von elementmarkierten Proteinen mit LA-

ICP-MS, nach Trennung der Proben durch Gelelektrophorese. Die Methode ist detailliert durch den Artikel von Ma et al. (21) beschrieben. Dieser Ansatz wurde zuerst von Marshall et al. (22), Wind et al. (23), Bandura et al. (24) und Becker et al. (25) (26) für die Detektion von phosphorylierten Proteinen genutzt. Dagegen ist die Multielement-Detektion über das Labeling mit bifunktionellen Liganden seltener.

In der Proteomik beschrieb Uenlue et al. (27) die differenzielle In-Gelelektrophorese (DIGE), mit der es möglich ist, mehr als eine Probe gleichzeitig in einer 2D-Elektrophorese zu trennen und zu analysieren. Die Technik basiert auf dem Labeling von Proteinextrakten mit kommerziellen Fluoreszenzfarbstoffen (Cy-Dye). Die markierten Proben werden gemischt und mittels Elektrophorese getrennt. Allerdings ist die spektrale Auflösung der Gelscanner für die Fluoreszenz-Detektion begrenzt und der lineare dynamische Bereich beschränkt sich auf wenige Größenordnungen (s. auch Kapitel B.4.3).

Für die Detektion mit zeitaufgelöster Fluoreszenz (time-resolved fluorescence, TRF) von mehreren Antigenen in einem Immunoassay wurde der dissociation enhanced lanthanide fluoroimmunoassay (DELFIA®) entwickelt, welcher auf den fluoreszierenden Eigenschaften von Eu, Tb, Dy und Sm sowie der Zugabe eines fluoreszenzverstärkenden Reagenzes basiert. Damit können bis zu vier Proteine gleichzeitig detektiert werden. Der Hersteller (PerkinElmer, Waltham, USA) gibt an, dass weniger als 1 fmol Eu nachweisbar ist und der dynamische Bereich, in Abhängigkeit des Fluoreszenzdetektors, bis zu fünf Größenordnungen betragen kann. (28)

Allerdings können auch Schwierigkeiten bei der Fluoreszenz-Detektion auftreten. Bei Multianalyt-Bestimmungen wird mit steigender Anzahl an Analyten die Auswahl geeigneter Fluorophore als Label schwierig, weil es zu Spektralüberlappungen verschiedener Farben kommen kann. Zudem können Probleme bei der simultanen Quantifizierung von Biomolekülen auftreten, die in mehr als einer Größenordnung variieren. Für die Analyse mittels ICP-MS stehen allein in der Gruppe der Lanthanide theoretisch 14 Elemente mit 30 individuellen stabilen Isotopen, deren Spektren sich in hochauflösenden Massenspektrometern nicht überlappen, als Label für die Proteindetektion zur Verfügung (s. auch Abbildung B-2). Zudem weist die ICP-MS einen hohen linearen und dynamischen Messbereich auf.

B Grundlagen

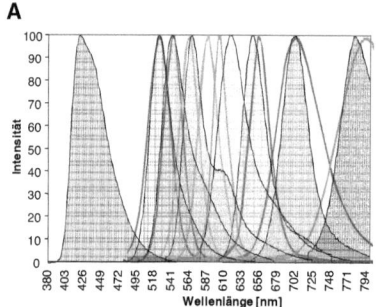 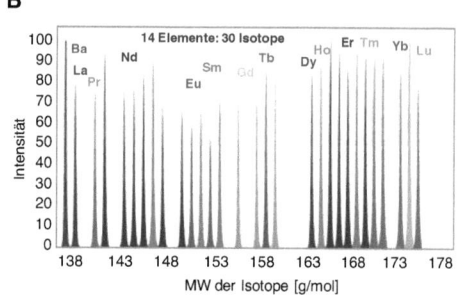

Abbildung B-2: A: Fluoreszenzspektren ausgewählter Fluorophore (29) und Quantumdots (30). **B:** ICP-Massenspektrum angereicherter stabiler Isotope. Mit freundlicher Genehmigung von S. Tanner.

Die Pionierarbeit, um bifunktionelle Liganden für die Detektion von Proteinen mit ICP-MS einzusetzen, stammt von einigen wenigen Gruppen. Zum Beispiel nutzten Baranov et al. (10) die kommerziell erhältlichen DELFIA®-Reagenzien, welche Eu, Tb, Dy und Sm enthalten, um Antikörper zu markieren und diese in flüssigen Proben mit ICP-MS zu detektieren. Die Nachweisgrenzen lagen im nmol/l-Bereich. Die Labelingreagenzien konnten auch genutzt werden, um eine erste Multiplexing-Analyse mit ICP-MS zu zeigen. (31) Am Rande sei noch angemerkt, dass das Verfahren auch erfolgreich für die Detektion von RNA angewendet wurde. (32) Im Jahr 2002 setzten Zhang et al. (33) biotinylierte monoklonale Antikörper in einem Immunoassay ein, die mit N-(p-Isothiocyanatobenzyl)-diethylen-triaminessigsäure (DTTA) und Eu derivatisiert wurden. Die Anwendung ist sehr elegant, da durch eine Affinitätschromatographie, basierend auf der Bindung von Biotin und Streptavidin, eine selektive Anreicherung des Antigens, gebunden an den Antikörper, vorgenommen werden konnte. Auf diese Weise war eine Matrixseparierung der Serumproben möglich und es konnten Nachweisgrenzen von 7,4 ng/ml Eu in 25 µl Probe erzielt werden. Hu et al. (34) entwickelten einen Immunoassay in Form eines Mikroarrays, um drei Proteine (Alpha-Fetoprotein IgG, Carcinoembryonic Antigen, Human IgG) über verschiedene metallmarkierte (Sm, Eu, Au) Antikörper und LA-ICP-MS nachzuweisen.

Eine weitere Labelingtechnik wurde von Whetstone et al. (35) entwickelt. Die Methode, genannt element coded affinity tag (ECAT), basiert auf der Derivatisierung von Proteinen mit Bromacetamidbenzyl-1,4,7,10-tetraazacyclododecan-1,4,7,10-tetraessigsäure (AcBD) und Tb^{3+}, Lu^{3+} oder Y^{3+} als Chelation. Die Bindung an das Protein erfolgt über die Alkylierung von Cysteinresten. Anschließend werden die Proben enzymatisch verdaut und die markierten Peptide werden von den unmarkierten über eine Affinitätschromatographie getrennt. Zuletzt erfolgt die relative Quantifizierung aller

B Grundlagen

markierten Peptide mittels Flüssigchromatographie (LC) gekoppelt mit organischer Tandemmassenspektrometrie (MS/MS).

Eine weitere Verbesserung der Nachweisgrenzen ist mit dem Polymer-Elementlabeling-Kit zu erwarten, welches von Lou et al. (36) entwickelt wurde. Das von der Gruppe synthetisierte DOTA-Polymer koordiniert isotopenangereicherte Lanthanidionen und erhöht die Zahl der möglichen Metalllabel am Biomolekül erheblich. Das Polymer enthält an einem Ende eine Malmeid-Gruppe, die an SH-Gruppen in Antikörpern bindet, nachdem diese teilweise reduziert wurden. In ersten Multiplexing-Experimenten mit Leukämiezellen wurden quantitative Informationen über zwei Proteine erhalten, deren Expression um einen Faktor 500 unterschiedlich war. Dieses Experiment zeigt, dass eine simultane Quantifizierung von Biomolekülen, die um mehrere Größenordnungen variieren können, mittels ICP-MS möglich ist. (37)

Für die quantitative Proteomik in der organischen MS ist die Entwicklung von Isotop- (38) und Metalllabeln (35) (isotope coded affinity tag, ICAT und metal coded affinity tag, MeCAT) ein großer Fortschritt. Die MeCAT-Technik basiert auf DOTA-Lanthanid-Komplexen, die an Thiolgruppen von Peptiden und Proteinen binden und erfolgreich für das Multielement-Labeling eingesetzt werden. Linscheid et al. (39) demonstrierten, dass mit diesen Reagenzien die relative Quantifizierung von Proteinen mittels organischer MS, z.B. Nano-LC/ESI-MS, möglich ist. Mehr Information hierzu geben die Artikel von Linscheid (40), MacCoss und Matthews (1) sowie Gu und Chen (2).

Weitere Labelingmethoden für den Proteinnachweis mit ICP-MS zeigten Baranov et al. (10); u.a. wurden mit Goldnanoclustern markierte Antikörper für eine sensitive Proteindetektion genutzt, so dass Proteinkonzentrationen von 0,1 – 0,5 ng/ml mit Hilfe der ICP-MS nachgewiesen werden konnten. Ebenso verwendeten Müller et al. (41) mit Goldclustern gelabelte Antikörper um Proteine mit Hilfe der LA-ICP-MS zu bestimmen.

Auch für medizinische Fragestellungen wird das Elementlabeling und die Detektion mit ICP-MS genutzt. Ein Beispiel ist das Immunoimaging[1] von Alzheimer-Plaque (42) in Gewebeschnitten mittels LA-ICP-MS oder die Detektion von Allergenen wie z.B. von versteckten Erdnussanteilen in Nahrungsmitteln. Careri et al. (43) konnten mit europiummarkierten Antikörpern sehr geringe Mengen (ca. 2 mg/kg) bestimmter Erdnussproteine in Cerealien nachweisen.

Venkatachalam et al. (44) nutzten die LA-ICP-MS, für die qualitative und quantitative Detektion von Phosphoproteinen nach Elektrophorese und Transfer auf eine Blotmembran. Die dafür verwendete Ablationszelle wurde von Feldmann et al. am Leibniz-

---

[1] Imaging = bildgebendes Verfahren.

Institut für Analytische Wissenschaften – ISAS – e.V. entwickelt (s. auch Kapitel B.2.2 und Kapitel C.9). Mit Hilfe einer Kalibrationsreihe aus verschiedenen Stoffmengen des Phosphoproteins β-Casein, konnte das Phosphoprotein α-Casein als Beispiel für eine unbekannte Probe quantifiziert werden und auch die Anzahl der Phosphatgruppen konnte ermittelt werden. Diese ersten Untersuchungen zeigen, dass die am ISAS entwickelte Ablationszelle geeignet ist, um Proteine über das Heteroelement P mittels LA-ICP-MS nach Elektrophorese und Blotting nachzuweisen und zu quantifizieren. Ebenso können mit diesem Verfahren Proteine detektiert werden, die mit einem messbaren Elementlabel modifiziert wurden (45) (46), so dass die Zelle auch im Rahmen dieser Arbeit für die Laser Ablation von Blotmembranen eingesetzt werden sollte.

B.2 Massenspektrometrische Techniken

B.2.1 ICP-MS – Inductively Coupled Plasma Mass Spectrometry

Die ICP-MS geht auf Arbeiten von Houk und Gray (47) zurück und ist eine sehr empfindliche Analysenmethode zur schnellen Multielement-Bestimmung. Sie findet Anwendung in der anorganischen Massenspektrometrie bei der Untersuchung von Probenmaterial aus der Umwelt oder Industrie (Halbleitertechnik) sowie bei medizinischen, geologischen und biologischen Fragestellungen. Die Nachweisgrenze liegt zwischen > 0,1 und 1 ppt. (14) Die in der Probenlösung enthaltenen chemischen Verbindungen werden in einem induktiv gekoppelten Plasma in ihre atomaren Bestandteile zerlegt und mit hohem Ionisierungsgrad (> 90% für die meisten chemischen Elemente) und geringem Anteil an mehrfach positiv geladenen Ionen (1%) ionisiert. (48) Es entstehen sowohl negativ als auch positiv geladene Ionen, jedoch werden nur die positiven Ionen analytisch genutzt.

Abbildung B-3 zeigt den schematischen Aufbau eines ICP-MS-Systems. Mit Hilfe eines Trägergases wird die flüssige Probe zunächst über ein Zerstäubersystem in Form feinster Tröpfchen (Aerosol) in das Plasma eingebracht. Dort werden diese bei Temperaturen von 6000 – 10.000 K unter Normaldruck verdampft, atomisiert und schließlich ionisiert. (14) Das Plasma wird in einer Torch erzeugt. Diese besteht aus drei konzentrischen Quarzrohren: einem äußeren Rohr, einem mittleren Rohr und dem Probeninjektor. Um das Plasma zu erzeugen, wird Argongas durch das äußere und mittlere Rohr mit einer Flussrate von 12 – 17 l/min geleitet. Ein zweiter Gasstrom, ebenfalls Argon, fließt mit 1 l/min zwischen dem mittleren Rohr und dem Probeninjektor. Es wird benötigt, um die Position des Plasmazentrums relativ zum Rohr und dem Probeninjektor zu verändern. Das dritte Gas ist das Trägergas, welches die Probe in Form eines Aerosols von der Sprühkammer in den Probeninjektor bringt und einen Kanal durch das Zentrum des Plasmas drückt. (14)

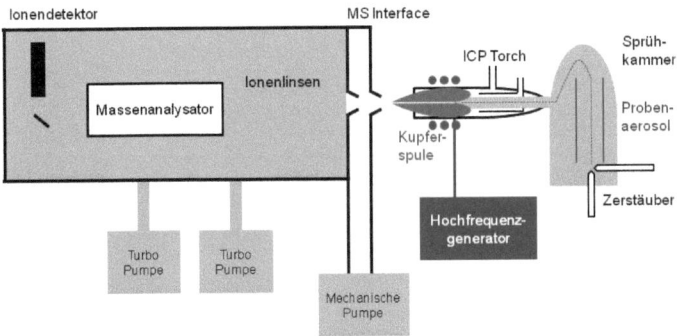

Abbildung B-3: Schematischer Aufbau eines ICP-MS.

Die Torch ist von einer Induktionsspule aus Kupfer umgeben. Diese Spule ist an einen Hochfrequenzgenerator (27 MHz) mit einer Leistung von 750 – 1500 W angeschlossen und sorgt so für ein oszillierendes elektromagnetisches Feld, welches das Plasma erzeugt. Durch ein Quarzrohr wird Argon eingeleitet. Das elektromagnetische Wechselfeld erzeugt im Argongas einen Induktionsstrom. Zur Zündung wird ein kleiner Teil des Gases durch einen Zündfunken ionisiert, so dass Argonionen und Elektronen entstehen, die mit weiteren Atomen kollidieren und weitere Elektronen herausschlagen. Wenn ein Gas in einem ausgeglichenen Ladungszustand (quasi neutral), in Form von Ionen und freien Elektronen, vorliegt, wird es als Plasma bezeichnet. (14)

Im nächsten Schritt müssen die Ionen aus dem Normaldruckbereich des Plasmas in den Hochvakuumbereich des Massenanalysators überführt werden. Dies geschieht durch eine spezielle Schnittstelle, dem Interface. Das Plasma ist direkt auf eine konusförmige Lochblende gerichtet, die Sampler genannt wird. Durch deren Öffnung, die einen Durchmesser von 0,8 – 1,2 mm hat, werden die Ionen in einen Zwischenraum, in dem ein Druck von ca. 3 mbar herrscht, gesaugt. Der Druck wird von einer mechanischen Drehschieberpumpe erzeugt. Durch eine zweite Lochblende, den so genannten Skimmer (besitzt eine Öffnung mit einem Durchmesser von nur 0,4 – 0,8 mm), gelangen die Ionen in den Hochvakuumbereich. Hier herrscht ein Druck von 10^{-6} mbar. Der Sampler und der Skimmer bestehen meistens aus Nickel und werden mit Wasser gekühlt. Hinter dem Skimmer liegen verschiedene Ionenlinsen, die dafür sorgen, dass der Ionenstrahl auf den Massenanalysator fokussiert und gleichzeitig von Lösungsmittelresten, neutralen Teilchen, Elektronen und Photonen befreit wird. (14)

B Grundlagen

Tropfen (Desolvatisierung) Fest (Vaporisation) Gas (Atomisierung) Atom (Ionisierung) Ion

$M(H_2O)^1X^2 \longrightarrow (MX)_n \longrightarrow MX \longrightarrow M \longrightarrow M^1$

Vom Probeninjektor $\longrightarrow$ Zum Massenspektrometer

Abbildung B-4: Mechanismus zur Überführung eines Probentröpfchens in ein positiv geladenes Ion im ICP. $M(H_2O)^1X^2$ entspricht einem Metallsalz in wässriger Lösung. (14)

Die Massentrennung erfolgt im Massenanalysator, wo die Ionen nach ihrem Masse-zu-Ladungs-Verhältnis (m/z-Verhältnis) aufgetrennt werden. Es gibt viele verschiedene Wege für die Massenselektierung, jedoch haben alle Massenanalysatoren die Trennung des Analyten von allen anderen Nicht-Analyten, Matrix, Lösungsmitteln und Argon basierten Ionen zum Ziel. Am häufigsten sind Quadrupol-MS vertreten und auch in dieser Arbeit wurde eines für die Flüssiganalysen verwendet.

Das Quadrupol besteht aus vier parallel angeordneten Stäben, die um die Flugbahn der Ionen angeordnet sind. An zwei gegenüberliegenden Stäben ist jeweils ein um 180 Grad phasenverschobenes Radiofrequenzfeld angeschlossen. Zudem liegt an den Stabpaaren noch eine Gleichspannung an. Bei einer bestimmten Frequenz und einer definierten Wechselspannung, besitzen nur Ionen mit einem definierten m/z-Verhältnis eine stabile Flugbahn, treten aus dem Massenanalysator aus und werden detektiert. Alle anderen Ionen besitzen instabile Flugbahnen, kollidieren mit den Stäben und werden neutralisiert. Das austretende Ion wird dann von einem Detektor verstärkt und in ein elektrisches Signal umgewandelt. (14)

Allerdings können bei dieser Technik Interferenzen stören, was zu einer begrenzten Auflösung führt. Als Interferenzen werden Nicht-Analyten bezeichnet, die die Signalintensität der Analytmasse unterdrücken oder verstärken. Sie entstehen häufig durch Rekombinationsprozesse im Plasma oder durch Oxidbildung im Interface; außerdem können Argonverbindungen entstehen. Diese Reaktionsprodukte können die gleiche Masse aufweisen, wie ein Isotop des zu bestimmenden Elements (z.B. $^{40}Ar^{35}Cl^+$ und $^{75}As^+$). Ebenso ist es möglich, dass Isotope von zwei verschiedenen Elementen mit gleichen Massen zu einem Signal im Massenspektrum zusammenfallen (= isobare Interferenzen), wie z.B. ^{50}Ti, ^{50}Cr und ^{50}V. Um diese spektralen Interferenzen von den Analytisotopen zu trennen, ist eine hohe Massenauflösung notwendig.

Die Auflösung R eines Massenspektrometers ist definiert als:

$$R = \frac{m}{\Delta m_{min}}$$

m beschreibt die Massenzahl und Δm_{min} den kleinsten Massenabstand, bei dem zwei im Spektrum benachbarte Ionensorten gleicher Intensität noch getrennt erscheinen. Allerdings muss angemerkt werden, dass mit steigender Auflösung, die Ionentransmission sinkt und somit die Sensitivität nachlässt. Tabelle B-3 zeigt einige Beispiele für häufige Interferenzen und die benötigte Auflösung, um diese vom Analytisotop trennen zu können. Das Auflösungsvermögen eines Quadrupol-MS liegt bei etwa 300. (14)

Hochauflösende Massenspektrometer ($R \leq 10.000$) in der anorganischen MS basieren auf Sektorfeld-Analysatoren, deren Prinzip im Folgenden näher erläutert werden soll (s. auch Abbildung B-5). Das Konzept des Sektorfeld-Magneten basiert auf der Massentrennung von geladenen Ionen im magnetischen Feld. Hier werden Ionen entsprechend ihrem Impuls ($m \cdot v$) getrennt. Durch Anlegen einer Beschleunigungsspannung, erfahren alle Ionen die gleiche kinetische Energie in einem elektrischen Feld; so trennt das Magnetfeld (B-Feld) Ionen nur noch bezüglich ihrer Masse. Durch Änderung des B-Feldes werden unterschiedliche Massen auf den Austrittsspalt fokussiert und man kann ein Massenspektrum aufzeichnen (B-Scan).

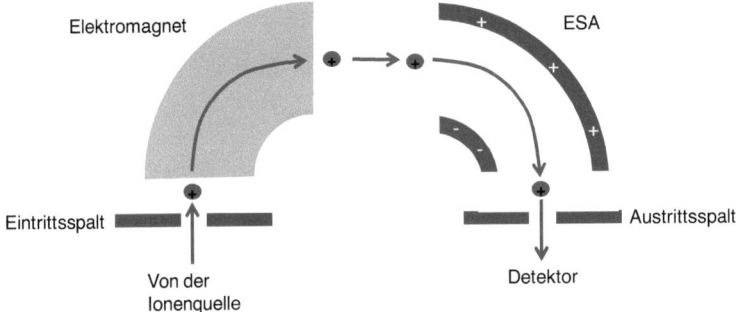

Abbildung B-5: Schema eines doppelfokussierenden Sektorfeld-Geräts (1. Elektromagnet; 2. Elektrostatischer Analysator (ESA)). Die Ionen gelangen zunächst in ein Magnetfeld, welches die Ionen auf eine Kreisbahn lenkt, deren Radius von ihrem m/z-Verhältnis abhängt. Das Magnetfeld wirkt dispergierend auf die Ionen ein. Am Ausgangsspalt befindet sich der ESA, welcher zur Fokussierung der Geschwindigkeit und Energie dient. Er besteht aus zwei gekrümmten Kondensatorplatten, die auf konstantem Gleichstrompotenzial gehalten werden. Die positiv geladenen Ionen werden, abhängig von ihrer kinetischen Energie, unterschiedlich stark von der negativ geladenen Kondensatorplatte angezogen. So müssen schnellere Ionen einen längeren Weg durch den Kondensator zurücklegen als langsame Ionen, so dass die kinetischen Energien der Ionen am Austrittsspalt, wo sich der Detektor befindet, homogen sind. (49)

Das elektrische Sektorfeld, auch als elektrostatischer Analysator, ESA, bezeichnet, gleicht Unterschiede in der kinetischen Energie aus, die bei der Extraktion der Ionen aus

B Grundlagen

dem Plasma entstehen können und zu einer Verschlechterung der Auflösung führen würden.

Neben dem oben beschriebenen B-Scan ist mit doppelfokussierenden Geräten auch ein elektrischer Scan (E-Scan) möglich, bei dem mit konstanter magnetischer Induktion gearbeitet wird. Die Separierung erfolgt dann durch Variation der Beschleunigungsspannung v bei konstanter ESA-Spannung, so dass die Ionen unterschiedliche kinetische Energien erhalten und nacheinander auf die vorgegebene Kreisbahn und dann in den Detektor gelangen.

Die Vorteile der Sektorfeld-Geräte liegen vor allem in ihrer hohen Massenauflösung, dem niedrigen Untergrund, einer guten Sensitivität und einer exzellenten Genauigkeit mit niedriger relativer Standardabweichung bei der Analyt-Quantifizierung. Gerade die hohe Sensitivität macht das Sektorfeld-MS besonders interessant für Multielement-Bestimmungen mit LA oder on-line Chromatographietrennungen.

In dieser Arbeit wurde ein Sektorfeld-MS im E-Scan für die LA-ICP-MS-Analysen eingesetzt.

Isotop	Matrix	Interferenz	Auflösung R	Transmission [%]
$^{44}Ca^+$	HNO_3	$^{14}N^{14}N^{16}O^+$	970	80
$^{56}Fe^+$	H_2O	$^{40}Ar^{16}O^+$	2504	18
$^{31}P^+$	H_2O	$^{15}N^{16}O^+$	1460	53
$^{34}S^+$	H_2O	$^{16}O^{18}O^+$	1300	65
$^{75}As^+$	HCl	$^{40}Ar^{35}Cl^+$	7725	2
$^{64}Zn^+$	H_2SO_4	$^{32}S^{16}O^{16}O^+$	1950	42

Tabelle B-3: Die Tabelle zeigt Beispiele ausgewählter Isotopen und die benötigte Auflösung, um spektrale Interferenzen von diesen trennen zu können, sowie die Ionentransmission bei dieser Auflösung. (14)

B.2.2 LA-ICP-MS – *Laser Ablation Inductively Coupled Plasma Mass Spectrometry*

Die LA-ICP-MS ist eine nützliche Methode zur direkten Analyse von festen Proben. Sie wird für die Untersuchung von technischen Materialien, sowie für geologische und biologische Proben verwendet und geht auf Arbeiten von Gray (50) zurück.

Bei der LA werden die energiereichen Photonen des Lasersystems mit Hilfe eines Linsensystems auf die Probenoberfläche fokussiert. Je nach Materialeigenschaft, Wellenlänge und Pulslänge werden kleine Partikel, Atome und Ionen aus der Probe herausgerissen und bilden über der Probenoberfläche ein Aerosol, welches dann mit Hilfe eines Transportgases zum ICP-MS geleitet wird. (51) Dort wird das Aerosol, wie in Kapitel B.2.1 beschrieben, atomisiert, ionisiert und im Massenanalysator getrennt und anschließend detektiert. Je nach Lasersystem können auf diese Weise nur sehr kleine Probenmengen abgetragen werden, so dass der Detektor eine hohe Sensitivität besitzen sollte, weshalb Sektorfeld-Analysatoren vorteilhaft erscheinen.

Die LA-ICP-MS kann auch für die Untersuchung von Proteinen in Gelen eingesetzt werden, indem z.B. ihr Schwefelgehalt oder bei phosphorylierten Proteinen der Phosphoranteil bestimmt wird. Aber auch Metalle, die direkt oder über einen bifunktionellen Liganden an das Protein gebunden sind, können detektiert werden. Für eine detaillierte Beschreibung der LA-ICP-MS zur Analyse von Proteinen in Elektrophoresegelen wird der Review von Ma (21) empfohlen. Eine weitere Möglichkeit zur Proteindetektion mittels LA-ICP-MS, bietet der Einsatz von Blotmembranen. Hierbei erfolgt zunächst die Probentrennung mittels Gelelektrophorese. In einem zweiten Schritt werden die Proteinspots auf eine dünne Membran überführt (Elektroblotting) und dann mit LA-ICP-MS detektiert. Dieses Verfahren bietet einige Vorteile, die hier kurz aufgeführt werden sollen. Ein einziger Linienscan[2] ist meist ausreichend, um den Großteil der Proteinprobe aus der Membran ins Aerosol zu überführen. (44) Des Weiteren werden Matrixeffekte, z.B. von Puffern, vermindert und es kann die hohe Trennleistung der vorgeschalteten Elektrophorese genutzt werden. Allerdings ist die Probenvorbereitung auch aufwendiger und es kann zu Proteinverlusten beim Blotten kommen, so dass eine genaue Quantifizierung nicht mehr möglich ist. Dennoch stellt das Blotting in der Biochemie ein etabliertes Verfahren dar.

Einen großen Einfluss auf die Qualität der Messung hat die Ablationszelle, in die das Gel oder die Membran eingelegt wird. Das Zellgehäuse besitzt einen Gaseingang und -ausgang sowie eine Quarzglasscheibe, die für die verwendete Wellenlänge des Lasers durchlässig ist. Bei kurzen Laserpulsen spielen die Anordnung des Gaseinlasses und das „Tot"-Volumen der Zelle eine wesentliche Rolle, da sie die Signaldispersion direkt beeinflussen; bei geringer Signaldispersion lassen sich geringe Auswaschzeiten der Probe erreichen und somit kürzere Analysenzeiten erzielen. Zudem können auch noch eng benachbarte Proteinspots voneinander getrennt werden. Weiterhin sollte die Empfindlichkeit unabhängig vom Abtragungsort in der Zelle sein, was für die Kalibration und die Quantifizierung eine notwendige Voraussetzung darstellt.

---

[2] Als Linienscan wird die kontinuierliche Ablation bei linearer Translation der Zelle bezeichnet.

Die in dieser Arbeit verwendete geschlossene Zelle, wurde von Feldmann et al. (52) am ISAS entwickelt. In dem Projekt wurden verschiedene Ablationszellen, die sich in Form (zylindrisch und kubisch) und Zellvolumen (ca. 11 – 106 cm^3) unterscheiden, getestet. Für alle Zellen wurde der Gasfluss des Transport- und Spülgases optimiert und die Signaldispersion von Single-Laser-Shots sowie von Linienscans untersucht. Die finale Zelle weist mit ca. 11 cm^3 ein geringes Zellvolumen auf und die Auswaschzeiten von Single-Shot-Signalen betragen weniger als eine Sekunde, so dass Translationsgeschwindigkeiten von bis zu 1,5 mm/s genutzt werden können, während bei kommerziellen Zellen diese auf 50 µm/s beschränkt ist.

Das Kernstück der Zelle besteht aus einem PTFE-Zylinder, auf dem die Membran angebracht wird, sowie einem PTFE-Einsatz, um das Zellvolumen auf 11 cm^3 zu minimieren. Der Gaseinlass und der –auslass sind an zwei gegenüberliegenden Zellwänden angebracht (s. Abbildung B-6). Durch Rotation des Zylinders und Bewegung der Zelle entlang des fixierten Lasers, ist ein sukzessiver Probenabtrag durch den Laser in zwei Dimensionen möglich (s. auch Abbildung B-7). Membranen mit einer Größe von 10 cm × 10 cm können somit in einem Analysendurchgang vermessen werden, ohne sie in Fragmente zerschneiden zu müssen, wie es bei kommerziellen Zellen üblich ist. Eine ausführliche Beschreibung zur Durchführung und Auswertung einer LA-ICP-MS-Messung ist in Kapitel C.9 gegeben.

Um eine gute räumliche Auflösung während eines Linienscans zu erreichen, sind kleine Krater auf der Membran von Vorteil. Allerdings erhöht ein großes Kratervolumen die Menge an ablatiertem Material. Um dieses Problem zu lösen wurde der Laserstrahl oval geformt, so dass dieser breiter (500 µm) als länger (100 µm) ist. Für die Formung wurden zwei planare konvexe Linsen eingesetzt, die gekreuzt angeordnet sind. In Scanrichtung erscheinen die Krater nun klein, während durch die Breite des Laserstrahls viel Material ablatiert werden kann.

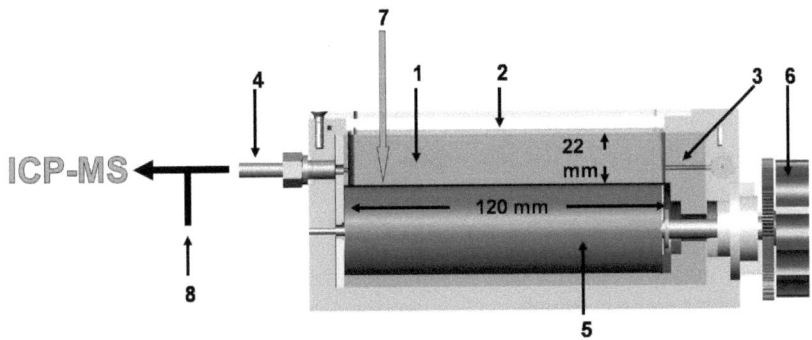

Abbildung B-6: Schematischer Aufbau der Ablationszelle. 1: PTFE-Einsatz, 2: Quarzfenster, 3: Gaseinlass für Transportgas, 4: Gasauslass für Transportgas, 5: Membranhalterung, 6: Drehknopf, 7: Laserstrahl, 8: T-Stück als Gaseinlass für das Spülgas.(52)

In einer weiteren Studie von Venkatachalam et al. (44) wurde zudem geprüft, welches Membranmaterial sich für die LA eignet. Dafür wurden Kraterprofile von ablatierten Nitrocellulose- (NC) und Polyvinylidenfluorid (PVDF)-Membranen erstellt. Aus den Profilen für einen einfachen Linienscan von 10 mm wurde für NC ein Kratervolumen von 0,19 mm^3 und für PVDF 0,074 mm^3 berechnet; d.h. beide Membranen zeigen ein sehr unterschiedliches Verhalten in der LA und es wird bei gleicher Laserenergie 2,5-mal mehr Material aus der NC-Membran abgetragen als aus der PVDF-Membran. Aufgrund dieser Studie werden in dieser Arbeit NC-Membranen eingesetzt.

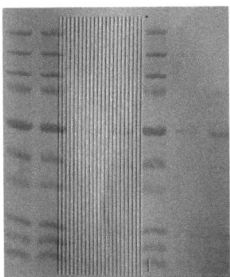

Abbildung B-7: Foto einer teilweise ablatierten Membran. Die farbigen Banden stammen vom vorgefärbten Proteinmarkern nach Elektrophorese und Transfer auf eine Membran. In der Mitte sind die einzelnen Linienscans des Lasers zu erkennen.

B Grundlagen

B.2.3 Organische Massenspektrometrie

B.2.3.1 Allgemeine Informationen

Die organische MS ist eine Technik zur Massenanalyse freier Molekülionen im Hochvakuum und findet in vielen verschiedenen Gebieten Anwendung, z.B. in der Biochemie zur Analyse von Proteinen und Peptiden, in der Medizin für diagnostische Screenings oder in der Umweltanalytik. Das Massenspektrometer besteht, ähnlich wie bei der ICP-MS, aus einer Ionenquelle, einem Massenanalysator und einem Detektor, aus dessen Messung ein Massenspektrum erstellt wird, welches die relativen Häufigkeiten der Ionen aufgetragen gegen deren m/z-Verhältnisse darstellt.

Die Ionisierung des Analyten in der Ionenquelle kann durch Aufnahme oder Verlust eines Elektrons erfolgen. Für polare, nicht flüchtige Verbindungen eignet sich die Ionisierung der gelösten Probe in einem elektrischen Feld (Elektrospray-Ionisation, ESI) oder aus der festen Phase mittels MALDI (Matrix-assistierte Laserdesorption/Ionisation). Mit Hilfe dieser Ionisierungsverfahren können die Molekülmassen großer Moleküle, wie Proteinen, sehr genau bestimmt werden. Wenn die Aminosäuresequenz bekannt ist, kann aus der Differenz der theoretischen Masse und der gemessenen Masse des Analytproteins direkt auf posttranslationale Modifikationen, wie z.B. Phosphorylierung oder Glykosylierung, geschlossen werden; ebenso kann die Bindung eines bifunktionellen Liganden oder eines Elements wie Iod an das Protein nachgewiesen werden.

Die organische MS-Analyse ist keine Methode zur absoluten Quantifizierung. „So ist die Effizienz der Ionisation der Analyte von deren spezifischen physikochemischen Eigenschaften und der jeweiligen Probenzusammensetzung abhängig. Die absolute quantitative Erfassung von Analytkonzentrationen mittels MS kann nur erfolgen, wenn die zu bestimmende Verbindung in einer bekannten Konzentration der Probe als interner Standard zugegeben wird. In der Regel stehen Polypeptide jedoch nicht als synthetische Verbindungen zur Verfügung, und anstelle von einzelnen Proteinspezies soll zumeist eine Vielzahl von Proteinen eines biologischen Systems, in überschaubaren Analysenzeiten quantitativ erfasst werden. (8)" Das Problem kann teilweise durch die Entwicklung von Isotopen- und Metalllabeln überwunden werden. Hier haben sich besonders die cysteinspezifischen Label ICAT und MeCAT (s. auch Kapitel B.1) hervorgetan, welche eine relative Quantifizierung von Proteinen über ihre proteolytischen Peptide (peptide mass fingerprinting) erlauben.

B.2.3.2 FTICR-MS   –   Fourier-Transform-Ionenzyklotronresonanz-Massenspektrometer

Für diese Arbeit wurden einige ESI-MS-Untersuchungen mit einem Fourier-Transform-Ionenzyklotronresonanz-Massenspektrometer (FTICR-MS) durchgeführt, dessen Prinzip an dieser Stelle kurz erläutert werden soll. Als Massenanalysator dient bei diesem Gerät eine Ionenfalle. In der sogenannten FTICR-Zelle werden die Ionen durch ein angelegtes Magnetfeld und eine angelegte Spannung in einem definierten Bereich im Zentrum der Zelle gefangen und stabilisiert. Dann wird ein elektrisches Wechselfeld angelegt, welches die Ionen anregt, sich auf eine größere Kreisbahn zu bewegen. Die Ionen bewegen sich mit unterschiedlichen Geschwindigkeiten in Abhängigkeit ihres m/z-Verhältnisses auf der Kreisbahn. Große Ionen bewegen sich langsamer als kleine. Die Bewegung der Ionen induziert an den Detektorplatten einen Elektronenfluss (image current), der gemessen werden kann. Dabei entspricht die Frequenz der Ionen, mit der sie den Detektor passieren, einem definierten m/z-Verhältnis. Da die Frequenzen sehr genau bestimmt werden können, erreichen die FTICR-MS einer sehr hohe Auflösung (R = 400.000). (53)

Die ESI-Ionenquelle befindet sich unter Atmosphärendruck und ist wie folgt aufgebaut. Die flüssige Probe wird in leicht flüchtigen polaren Lösungsmitteln (z.B. Acetonitril) gelöst und durch eine Kapillare eingebracht. Zwischen dem Ende der Sprühkapillare und dem MS wird eine hohe Spannung (> 1000 V) angelegt, die beim Austreten der Flüssigkeit aus der Kapillarspitze die Bildung eine Flüssigkeitskonus (Taylor-Konus) bewirkt, der hochgeladene Ionen enthält. Die Ladung der Ionen ergibt sich aus der Polarität der Spannung. Bei ausreichend hohem elektrischem Feld ist der Konus stabil und emittiert von seiner Spitze einen kontinuierlichen filamentartigen Flüssigkeitsstrom von wenigen µm Durchmesser. Dieser wird in einiger Entfernung vor der Anode instabil und zerfällt in winzige aneinander gereihte Tröpfchen. Es folgt die Desolvatisierung und ein weiterer Zerfall in Mikrotröpfchen (Coulomb-Explosionen), bis nur noch geladene Analytionen zurückbleiben. (8) Über ein Interface werden die Ionen in den Hochvakuumbereich des Massenanalysators geführt. Bei der Ionisation entstehen auch mehrfach geladene Ionen. Dadurch werden die m/z-Werte der Molekülionen mit großen Molekulargewichten in einen Massenbereich verschoben, der problemlos mit Standard-Massenanalysatoren erfasst werden kann. (53)

Außerdem können, nach enzymatischer Spaltung der Proteine in Peptide, direkt Informationen über die Aminosäuresequenzen erhalten werden, bzw. Aussagen über die genauen Bindungsstellen von Proteinlabeln getroffen werden. Dazu werden sogenannte

B Grundlagen

MS/MS-Analysen und Fragmentierungstechniken wie collision induced dissociation (CID) eingesetzt. (8)

B.3 Immunoassay

B.3.1 Prinzip eines Immunoassay

Immunoassays werden häufig für die Behandlung bioanalytischer Fragestellungen genutzt. Sie dienen zur Identifizierung und Quantifizierung von Analyten, welche nur aufwendig detektiert werden können.

Alle immunologischen Verfahren beginnen mit der Herstellung von Antikörpern gegen einen speziellen Analyten, z.B. ein Protein. Ein Antikörper ist ein Protein, welches ein Lebewesen als Antwort auf die Gegenwart eines Fremdstoffes (Antigen) produziert, und normalerweise das Lebewesen vor einer Infektion schützt. Antikörper haben eine spezifische hohe Affinität für das Antigen, das ihre Herstellung ausgelöst hat. Als Antigene können sowohl Proteine als auch Polysaccharide oder Nukleinsäuren wirken. Auf der Oberfläche des Antigenmoleküls, erkennt der Antikörper eine spezielle Gruppierung von Aminosäuren (Epitop) und bindet an diese. Die meisten Antigene verfügen über mehrere Epitope. Polyklonale Antikörper sind eine heterogene Mischung von Antikörpern, die jeweils für eines der verschiedenen Epitope spezifisch sind. Monoklonale Antikörper sind identisch und erkennen demnach nur ein Epitop. (54)

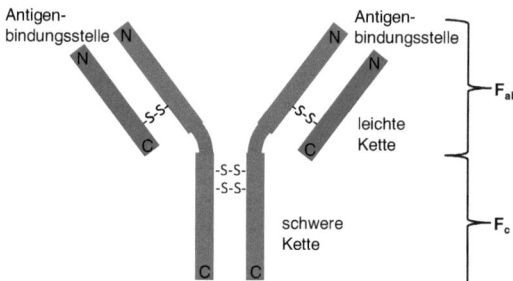

Abbildung B-8: Schematische Darstellung der Antikörperstruktur. Der Antikörper besteht aus zwei verschiedenen Polypetidketten, einer leichten und einer schweren Kette, welche über Disulfidbrücken miteinander verbunden sind. Durch begrenzte proteolytische Spaltung kann man den Antikörper in drei Fragmente teilen. Zwei davon binden an das Antigen und werden mit F_{ab} (F steht für Fragment und ab für Antigenbindung). Das andere Fragment wir mit F_c bezeichnet, kristallisiert leicht und bindet nicht ans Antigen. N = Aminoende; C = Carboxylende. (54)

Im Immunoassay wird das zu analysierende Biomolekül also über einen gebundenen Antikörper nachgewiesen. Diese hoch selektive Antigen-Antikörper-

Erkennung kann durch ein Label am Antikörper gemessen werden. Konventionelle Label basieren auf Radioaktivität, Fluoreszenz- oder Chemilumineszenz-Techniken. Es gibt verschiedene Arten von Immunoassays, die gängigsten sind der Radioimmunoassay (8), der enzyme-linked immunosorbent assay (ELISA) (5) (8) und der Westernblot. Letzterer wurde in dieser Arbeit für die Antigendetektion mit LA-ICP-MS optimiert und wird in Kapitel B.3.2 ausführlich beschrieben.

B.3.2 Westernblot

Der Westernblot wurde ursprünglich von Stark et al. (55) entwickelt. Die Methode ist auch unter dem Namen Immunoblot bekannt und wird in vielen verschiedenen Bereichen (z.B. Molekularbiologie, Biochemie oder Immunologie) eingesetzt. Der große Vorteil dieses Assays ist die Kombination von Quantifizierung und Identifizierung spezifischer Proteine in komplexen Proben, wie z.B. Proteinextrakten oder Gewebehomogenisaten.

Die Durchführung des Westernblots erfordert die Immobilisierung des Antigens. (56) Dazu werden native oder denaturierte Proteinproben mittels Gelelektrophorese (s. auch Kapitel B.4) getrennt und auf eine NC-Membran überführt (Elektroblotting). Wichtig ist, dass die geometrische Anordnung der Proteine nach der Trennung auf der Membran erhalten bleibt. Vor der Inkubation der Membran mit den Antikörpern, werden unspezifische Bindungsstellen der Membran durch Zugabe von Detergenzien (z.B. Tween20) und Proteinen, wie Milchpulver, die den Antikörper nicht beeinflussen, blockiert. Während der Durchführung des Assays sind viele Waschschritte nötig.

Im Falle der konventionellen Detektion mit Chemilumineszenz wird zunächst ein unmarkierter primärer Antikörper genutzt, um das Antigen zu identifizieren. Im nächsten Schritt wird dann ein markierter Sekundärantikörper gegen den Primärantikörper eingesetzt. Das Label ist meist ein Peroxidasekonjugat, welches zusammen mit Wasserstoffperoxid, Luminol und einem Reagenz zur Signalverstärkung (z.B. Phenole), unter alkalischen Bedingungen Chemilumineszenz erzeugt. Durch die Oxidation von Luminol durch Peroxidase und H_2O_2 entsteht zunächst das energetisch angeregte 3-Aminophthalat, welches unter Lichtemission in seinen Grundzustand zurückfällt. Das Licht kann bei einer Wellenlänge von 428 nm detektiert werden. Die Nachweisgrenzen der Chemilumineszenz-Detektion liegen zwischen 1 und 10 pg Protein. (57) Allerdings ist der dynamische Bereich begrenzt und es ist mit dieser Methode keine Multianalyt-Bestimmung möglich.

Im Gegensatz zur Bestimmung mit Chemilumineszenz sollte für den Westernblot mit anschließender LA-ICP-MS-Detektion weder ein Sekundärantikörper, noch ein

Reagenz zur Signalverstärkung notwendig sein. Zudem besteht bei der Analyse mit ICP-MS die Möglichkeit der Multianalyt-Bestimmung. Eine schematische Gegenüberstellung der beiden Verfahren ist in Abbildung B-9 dargestellt.

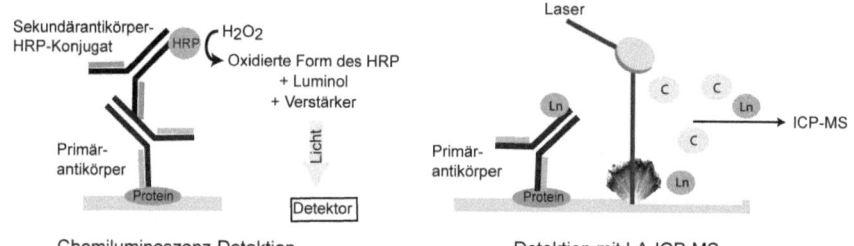

Abbildung B-9: Links: Schema zum Nachweis von Proteinen mittels Westernblot und Chemilumineszenz-Detektion. (HRP = Horseradish Peroxidase) **Rechts:** Schema zur Detektion von Proteinen im Westernblot mit Hilfe lanthanidmarkierter Antikörper und LA-ICP-MS.

Der konventionelle Nachweis des Antigens mittels Chemilumineszenz wurde zur Validierung, des in dieser Arbeit entwickelten Westernblots mit LA-ICP-MS-Detektion, eingesetzt.

B.4 Gelelektrophorese

Elektrophorese bezeichnet die Wanderung elektrisch geladener Teilchen durch einen als Trägermaterial dienenden Stoff in einem elektrischen Feld. Als Trägermaterial werden vor allem Polyacrylamid- und Agarosegele verwendet.

Die Wanderungsgeschwindigkeit ist dabei proportional zur Feldstärke und Ionenladung, und umgekehrt proportional zum Teilchenradius und zur Viskosität des Gels. Bei der Gelelektrophorese spielt das Verhältnis zwischen Teilchenradius und der Porenweite des Trägermediums eine wichtige Rolle, weil das Trägergel als Molekularsieb wirkt, so dass sich ein größerer Teilchenradius stärker hemmend auf die Wanderungsgeschwindigkeit auswirkt, als nur durch die Viskosität zu erwarten wäre. Durch unterschiedliche Ionenladung und Teilchenradius, bewegen sich die einzelnen Moleküle unterschiedlich schnell durch das Trägermaterial und bilden diskrete Banden. Deshalb eignet sich die Elektrophorese sehr gut zur Trennung von komplexen Stoffgemischen. (58)

B.4.1 SDS-PAGE – *Sodiumdodecylsulfate Polyacrylamide Gel Electrophoresis*

In dieser Arbeit wird die so genannte SDS-PAGE verwendet, welche aus der diskontinuierlichen Elektrophorese hervorgegangen ist. Die DISK-Technik nach Ornstein und Davis (59) bewirkt eine hohe Bandenschärfe. Die Diskontinuität bezieht sich auf unterschiedliche pH-Werte der Puffer (sowohl der Gelpuffer als auch des Elektrodenpuffers) und unterschiedliche Porengröße von Trenn- und Sammelgel. Das großporige Sammelgel besitzt einen pH-Wert von 6,8, das engporige Trenngel von 8,8. Aufgrund der großen Poren im Sammelgel, ist die Mobilität der Biomoleküle zunächst nur von der Ladung abhängig. An der Grenzschicht zum engporigen Trenngel, erfahren die Biomoleküle einen hohen Reibungswiderstand, so dass ein Stau entsteht und es zu einer Zonenschärfung kommt. Im Trenngel ist die Mobilität sowohl von der Ladung als auch von der Molekülgröße abhängig. Diese Methode eignet sich besonders gut für die Trennung von Proteinen. Durch Zugabe von SDS werden natürliche Ladungsunterschiede der Ionen ausgeglichen und sie werden nur nach ihrem Teilchenradius getrennt, da das anionische Detergens an der Oberfläche des Proteins anlagert und so dessen Eigenladung überdeckt. Außerdem werden die Tertiärstrukturen der Proteine zerstört, indem die Wasserstoffbrücken durch Erhitzen aufgebrochen werden. Um Disulfidbrücken zu spalten, wird der Probenpuffer oft mit reduzierenden Thiolverbindungen wie β-Mercaptoethanol oder Dithiothreitol (DTT) versetzt. Am Ende dieser Präparation bilden die mit SDS beladenen, gestreckten Aminosäureketten Ellipsoide. Durch den starken Denaturierungseffekt, können keine Proteine mehr in Tertiärstruktur bestimmt werden.

Zur Auftrennung werden die denaturierten Proteine auf ein Gel aus Polyacrylamid aufgetragen, welches in einem geeigneten Elektrolyten eingelegt ist. Als Elektrolyt wird häufig ein SDS-haltiges Tris-HCl/Tris-Glycin-Puffersystem eingesetzt, da hiermit eine sehr gute Trennung der einzelnen Proteinbanden erzielt werden kann. Dann wird eine elektrische Spannung angelegt, die eine Migration der negativ geladenen Proteine durch das Gel bewirkt. Am Ende des Vorgangs sind alle Proteine in den einzelnen Probenspuren nach Größe sortiert und können durch weitere Analysen (z.B. Färbung mit Coomassie-Brilliantblau (CBB), Westernblot) bestimmt werden. Zusätzlich zu den Proteinen wird auf jedes Gel ein Größenmarker zur Kalibration des Molekulargewichts (MW) aufgetragen. Dieser besteht aus Molekülen mit bekannter Größe und ermöglicht dadurch die Abschätzung des MW der Proteine in den eigentlichen Proben.

Das bekannteste Elektrophoresesystem ist die vertikale SDS-PAGE, bei der die Gele vollständig von zwei Glasplatten und den Puffern eingeschlossen sind. Die Proben werden mit Mikropipetten in die Geltaschen eingetragen. Eine andere Variante ist das horizontale System, welches auf Gelen basiert, die auf inerte Folien oder dünne Glasplatten aufgebracht sind. Hier ist die Oberfläche offen, und die Proben werden direkt in die Probenwannen, die bei der Gelherstellung mit Schablonen erzeugt werden, einpipettiert. Bei dieser Methode werden keine größeren Puffervolumina benötigt, da die Elektrophorese mit Filterkartonstreifen, die mit konzentrierten Puffern getränkt sind, funktioniert. (8) Beim horizontalen System können verschieden große Gele eingesetzt werden, während beim vertikalen System die Größe der Glasplatten die Gelgröße bestimmt. In dieser Arbeit wurde die horizontale Elektrophoreseeinheit aus Abbildung B-10 verwendet.

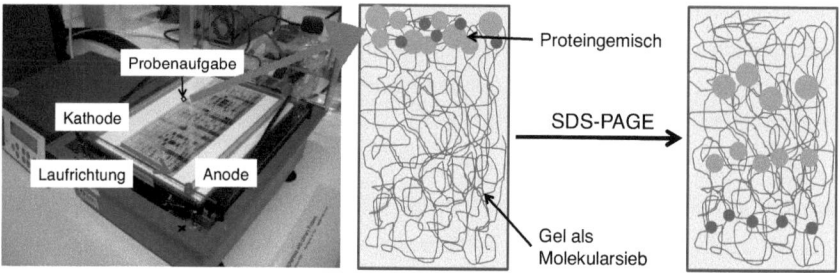

Abbildung B-10: Links: Bild der in dieser Arbeit verwendeten horizontalen Elektrophoreseeinheit (Multiphor II Elektrophoresis Unit, GE Healthcare, München), weitere Details s. Kapitel C.5. **Rechts:** Trennprinzip der SDS-PAGE. Das Gel wirkt als Molekularsieb, wobei die Proteine nach ihrer Größe getrennt werden. Kleinere Proteine wandern schneller durch das Gel als größere.

B.4.2 Isoelektrische Fokussierung

Bei der isoelektrischen Fokussierung (IEF) werden Proteine aufgrund ihres relativen Gehalts an sauren und basischen Aminosäureresten, unter nativen Bedingungen, elektrophoretisch getrennt. Der isoelektrische Punkt (pI) ist der pH-Wert, bei dem die Nettoladung eines Proteins null ist. Die Elektrophorese erfolgt in einem Gel durch einen pH-Gradienten. Jedes Protein wird soweit wandern, bis es eine Position im Gel erreicht, an der der pH-Wert seinem pI entspricht. Der pH-Gradient kann aus freien Trägerampholyten bestehen oder die puffernden Gruppen sind in die Gelmatrix einpolymerisiert (immobilisierter pH-Gradient). (8) (54)

Die IEF lässt sich sehr gut mit anderen Techniken kombinieren. Besonders hochauflösende Trennungen werden durch die Kopplung von IEF und SDS-PAGE zur 2D-Elektrophorese erreicht.

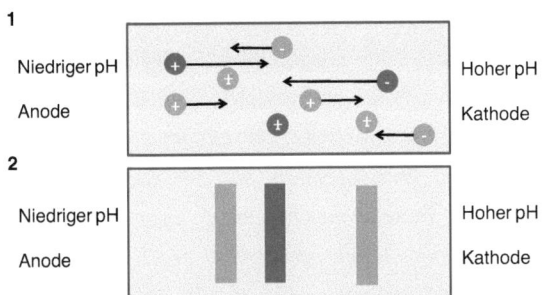

Abbildung B-11: Trennprinzip der IEF. Im Gel liegt ein pH-Gradient vor. Die Proteine wandern zu ihrem pI, also an den Ort an dem ihre Nettoladung gleich null ist.

B.4.3 Konventionelle Nachweismethoden für Proteine im Gel

Eine Färbung der Biomoleküle, Zellen etc. ist nötig um das Ergebnis sichtbar zu machen und die Probe zu analysieren. Im Fall von Proteinen werden auf diese Weise Proteinbanden im Gel oder auf einer Blotmembran identifiziert. Es gibt viele verschiedene Techniken; die meisten basieren auf einer reversiblen oder irreversiblen Bindung von farbigen organischen oder anorganischen Chemikalien. Am häufigsten finden die CBB-Färbung und die Silberfärbung Verwendung. Die höchste Sensitivität wird jedoch mit fluoreszierenden Verbindungen erreicht. Eine Übersicht ist in Tabelle B-4 gegeben.

Zur Kontrolle der Elektrophorese und zur Validierung wurde in dieser Arbeit die CBB-Färbung verwendet.

Färbe-Methode	Detektionsart	Nachweisgrenze [ng]	Dynamischer Bereich [10^x]
Post-elektrophoretische Färbung:			
CBB (kolloidal)	Colorimetrie	8 – 10	3
Silbernitrat	Colorimetrie	1	2
Zinkimidazol	Colorimetrie	10	Keine Quantifizierung
SYPRO Ruby	Fluoreszenz	1	3
Pre-elektrophoretische Färbung:			
DIGE Minimal	Fluoreszenz	0,1 – 0,2	3 – 5
DIGE Sättigung	Fluoreszenz	0,005 – 0,01	3 – 5

Tabelle B-4: Häufige Färbemethoden für Proteinbanden vor und nach der Trennung mit Elektrophorese. (60) (61)

B Grundlagen

B.4.4 Proteolytische Spaltung von Proteinen aus dem Gel

Für die Analyse der Primärstruktur ausgewählter Proteinbanden im Elektrophoresegel, werden diese isoliert und mit Hilfe von proteolytischen Enzymen in Peptide zerlegt. In Verbindung mit MS-Analysen ist das Trypsin die wohl am häufigsten eingesetzte Protease. Es spaltet Polypeptidketten hochspezifisch auf der Carboxylseite von Arginin- und Lysinresten; z.B. wird ein Protein, welches neun Lysin- und sieben Arginingruppen aufweist durch den tryptischen Verdau gewöhnlich in 17 Peptide gespalten. Jedes der proteolytischen Peptide endet entweder auf Lysin oder Arginin. Die einzige Ausnahme ist das carboxyterminale Peptid des Proteins. Details zur Durchführung sind in Kapitel C.8 gegeben. (54)

Der tryptische Verdau wurde in dieser Arbeit genutzt, um die Bindungsstellen der Label im Protein zu identifizieren.

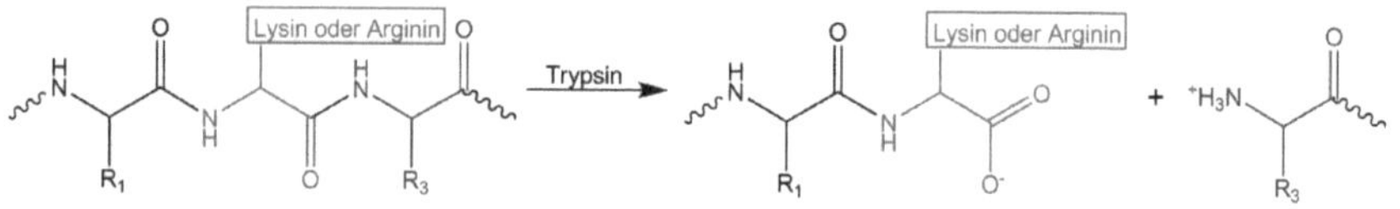

Abbildung B-12: Tryptischer Verdau von Polypeptiden. Trypsin hydrolysiert Polypeptide auf der Carboxylseite von Arginin- und Lysingruppen. (54)

B.5 Referenzen

1. **MacCoss, M. J., Matthews, D. E.** 2005, Anal. Chem., Bd. 77, S. 294A-302A.
2. **Gu, S., Chen, X.** 2005, The Analyst, Bd. 130, S. 1225-1231.
3. **Prange, A., Pröfrock, D.** 2008, J. Anal. At. Spectrom., Bd. 23, S. 432-459.
4. **Dawson, P., Cosgrove, D. O., Grainger, R. G.** Textbook of Contrast Media. Oxford : ISIS Med. Media, 1999.
5. **Hempen, C., Karst, U.** 2006, Anal. Bioanal. Chem., Bd. 384, S. 572-583.
6. **Lewis, M. R., Raubitschek, A., Shively, J. E.** 1994, Bioconjugate Chem., Bd. 5, S. 565-576.
7. **McDevitt, M., Ma, D., Simon, J., Frank, R. K., Scheinberg, D. A.** 2002, Appl. Radiation and Isotopes, Bd. 57, S. 841-847.
8. **Lottspreich, F., Engels, J. F.** Bioanalytik. München : Elsevier GmbH, 2006.
9. **Buenzli, J-C. G.** 2006, Acc. Chim. Res., Bd. 39, S. 53-61.
10. **Baranov, V. I., Quinn, Z., Bandura, D. R., Tanner, S. D.** 2002, J. Anal. At. Spectrom., Bd. 17, S. 1148-1152.
11. **Szpunar, J.** 2005, Analyst, Bd. 130, S. 442-465.

12. **Sanz-Medel, A.** 2005, Anal. Bioanal. Chem., Bd. 381, S. 1-2.

13. **Bettmer, J., Jakubowski, N., Prange, A.** 2006, Anal. Bioanal. Chem., Bd. 386, S. 7-11.

14. **Thomas, R.** Practical Guide to ICP-MS. 2. Boca Raton : CRC Press, USA, 2008.

15. **Wind, M., Edler, M., Jakubowski, N., Linscheid, M., Wesch, H., Lehmann, W. D.** 2001, Anal. Chem., Bd. 73, S. 29-35.

16. **Wind, M., Wesch, H., Lehmann, W. D.** 2001, Anal. Chem., Bd. 73, S. 3006-3010.

17. **Chery, C. C., Guenther, D., Cornelis, R., Vanhaecke, F., Moens, L.** 2003, Electrophoresis, Bd. 24, S. 3305-3313.

18. **Binet, M. R. B., Ma, R., McLeod, C. W., Poole, R. k.** 2003, Anal. Biochem., Bd. 318, S. 30-38.

19. **Schaumloeffel, D., Prange, A., Marx, G., Heumann, K. G., Braetter, P.** 2002, Anal. Bioanal. Chem., Bd. 372.

20. **Hann, S., Koellensprenger, G., Obinger, C., Furtmueller, P. G., Stingeder, G.** 2004, J. Anal. At. Spectrom., Bd. 19, S. 74-79.

21. **Ma, R., McLeod, C. W., Tomlinson, K., Poole, R. K.** 2004, Electrophoresis, Bd. 25, S. 2469-2477.

22. **Marshall, P., Heudi, O., Bains, S., Freemann, H. N., Abou-Shakara, F., Reardon, K.** 2002, Analyst, Bd. 127, S. 459-461.

23. **Wind, M., Feldmann, I., Jakubowski, N., Lehmann, W. D.** 2003, Electrophoresis, Bd. 24, S. 1276-1280.

24. **Bandura, D. R., Ornatsky, O. I., Liao, L.** 2004, J. Anal. At. Spectrom., Bd. 19, S. 96-100.

25. **Becker, J. S., Boulyga, S. F., Becker, J. S., Pickhardt, C., Damoc, E., Przybylski, M.** 2003, Int. J. Mass Spectrom., Bd. 228, S. 985-997.

26. **Becker, J. S., Zoriy, M., Pickhardt, C. Przybylski, M., Becker, J. S.** 2004, J. Anal. At. Spectrom., Bd. 19, S. 1236-1243.

27. **Uenlue, M., Morgan, M. E., Minden, J. S.** 1997, Electrophoresis, Bd. 18, S. 2071-2077.

28. DELFIA Research Reagents. **PerkinElmer Life Sciences, Inc.**

29. [Online] [Zitat vom: 23. März 2010.] http://www.bdbiosciences.com/research/multicolor/spectrumguide/index.jsp.

30. **Chattopadhyay, P. K., Price, D. A., Harper, T. F., Betts, M. R., Yu, J., Gostick, E., Perfetto, S. P., Goepfert, P., Koup, R.A., De Rosa, S. C., Bruchez, M. P., Roederer, M.** 8, 2006, Nature Medicine, Bd. 12.

31. **Quinn, Z. A., Baranov, V. I., Tanner, S. D., Wrana, J. L.** 2002, J. Anal. At. Spectrom., Bd. 17, S. 892-896.

32. **Ornatsky, O. I., Baranov, V. I., Bandura, D. R., Tanner, S. D., Dick, J.** 2006, Bd. 1.

33. **Zhang, C., Wu, F., Zhang, X.** 2002, J. Anal. At. Spectrom., Bd. 17, S. 1304–1307.

34. **Hu, S., Zhang, S., Hu, Z., Xing, Z., Zhang, X.** 2007, Anal. Chem., Bd. 79, S. 923-929.

35. **Whetstone, P. A., Butlin, N. G., Corneillie, T. M., Meares, C. F.** 2004, Bioconjugate Chem., Bd. 15, S. 3-6.

36. **Lou, X., Zhang, G., Herrera, I., Kinach, R., Ornasky, O., Baranov, V., Nitz, M., Winnik, M. A.** 2007, Angew. Chem. Int. Ed., Bd. 46, S. 1-5.

37. **Ornatsky, O. I., Kinach, R., Bandura, D. R., Lou, X., Tanner, S. D., Baranov, V. I., Nitz, M., Winnik, M. A.** 2008, J. Anal. At. Spectrom., Bd. 23, S. 463-469.

38. **Aebersold, R., Mann, M.** 2003, Nature, Bd. 422, S. 198-207.

39. **Ahrends, R., Pieper, S., Kühn, A., Weisshoff, H., Hamester, M., Lindemann, T., Scheler, C., Lehmann, K., Taubner, K., Linscheid, M.** 2007, Molecular and Cellular Proteomics, Bd. 6, S. 1907-1916.

40. **Linscheid, M. W.** 2005, Anal. Bioanal. Chem., Bd. 381, S. 64-66.

41. **Müller, S. D., Diaz-Bone, R. A., Felix, J., Goedecke, W.** 2005, J. Anal. At. Spectrom., Bd. 20, S. 907-911.

42. **Hutchinson, R. W., Cox, A. G., McLeod, C. W., Marshall, P. S., Harper, A., Dawson, E. L., Howlett, D. R.** 2005, Anal. Biochem., Bd. 346, S. 225-233.

43. **Careri, M., Elviri, L., Mangia, A., Mucchino, M.** Bd. 387, S. 1851-1854.

44. **Venakatachalam, A., Koehler, C. U., Feldmann, I., Lampen, P., Manz, A., Ross, P. H., Jakubowski, N.** 2007, J. Anal. At. Spectrom., Bd. 22, S. 1023-1032.

45. **Jakubowski, N., Waentig, L., Hayen, H., Venkatachalam, A., v. Bohlen, A., Roos, P.H., Manz, A.** 2008, Bd. 23, S. 1497-1507.

46. **Roos, P. H., Venkatachalam, A., Manz, A., Waentig, L., Koehler, C. U., Jakubowski, N.** 2008, Anal. Bioanal. Chem., Bd. 392, S. 1135-1147.

47. **Houk, R. S., Fassel, V. A., Flesch, gg. D., Svec, J. J., Gray, A. L., Taylor,C. E.** 1980, Anal. Chem., Bd. 52, S. 2283–2289.

48. **Thomas, Ch.** Dissertation. TU Dortmund : s.n., 1998.

49. Chemgapedia. [Online] [Zitat vom: 20. März 2010.] http://www.chemgapedia.de/vsengine/vlu/vsc/de/ch/3/anc/masse/ms_massenanalysator_d oppelfok.vlu/Page/vsc/de/ch/3/anc/masse/2_massenspektrometer/2_4_massenanalysator/ 2_4_2_doppelfokus/2_4_2_2_geometrie/geometrien_m30ht1102.vscml.html.

50. **Gray, A.** Analyst. 1985, Bd. 110, S. 551-556.

51. **Nelms, S. M.** ICP Mass Spectrometry Handbook. USA : CRC Press, 2005.
52. **Feldmann, I., Koehler, C. U., Roos, P. H., Jakubowski, N.** 2006, J. Anal. At. Spectrom., Bd. 21, S. 1006-1015.
53. **Pieper, S.** Dissertation. Humboldt-Universität zu Berlin : s.n., 2008.
54. **Berg, J. M., Tymoczko, J. L., Stryer, L.** Biochemie. 5. Heidelberg : Spektrum Akademischer Verlag, 2003.
55. **Renart, J., Reiser, J., Stark, G. R.** 1979, Proc. Natl. Acad. Sci. USA, Bd. 76, S. 3116-3120.
56. **Towin, H., Staehelin, T., Gordong, J.** 1979, Proc. Natl: Acad. Sci. USA, Bd. 76, S. 4350-4354.
57. Product description Western Lightning Chemiluminescence Reagent Plus. **PerkinElmer Life Sciences, Inc.**
58. Skript zum biochemischen Grundpraktikum, WWU Münster, SS 2005.
59. **Tulchin, N., Ornstein, L., Davis, B.J.** 1976, Anal. Biochem, Bd. 72, S. 485 – 490.
60. **Miller, I., Crawford, J., Gianazza, E.** 2006, Proteomics, Bd. 6, S. 5385-5408.
61. **Harmacher, M., Marcus, K., Stühler, K., van Hall, A., Warscheid, B., Meyer, H.E.** Proteomics in Drug Research. Weinheim : Wiley-VCH Verlag, 2006. Bd. 28.

C MATERIAL UND METHODEN

C.1 Geräte

Bezeichnung	ROTIXA/P
Hersteller	Hettich Zentrifugen, Tuttlingen, Deutschland
Einstellungen	4000 – 4500 U/min; 20 °C; 10 – 60 min

Tabelle C-1: Zentrifuge.

Bezeichnung	Hersteller
EPS 3501 XL Power Supply	GE Healthcare, München, Deutschland
Multiphor II Elektrophoresis Unit	GE Healthcare, München, Deutschland
Multiphor II Nova Blot Unit	GE Healthcare, München, Deutschland
Thermo Cycler	GE Healthcare, München, Deutschland
Film Remover	Amersham Biosciences, Buckinghamshire, England

Tabelle C-2: Geräte für Elektrophorese und Blotting.

Bezeichnung	ND-1000 UV-Vis Spektrophotometer
Hersteller	NanoDrop Technologies, Rockland, USA

Tabelle C-3: Spektrophotometer zur Bestimmung von Proteinkonzentrationen.

Bezeichnung	FLA-5100 Imager
Hersteller	Fujifilm, Düsseldorf, Deutschland
Laser	473 nm; 532 nm; 635 nm
Pixelgröße	10 – 200 Mikron

Tabelle C-4: Scanner für Fluoreszenz- und Chemilumineszenz-Detektion. Für die Detektion der CBB-gefärbten Gele wird der 532-nm-Laser eingesetzt.

Bezeichnung	Extra II
Hersteller	Rich. Seifert & Co., Ahrensberg, Deutschland

Tabelle C-5: Gerät für die Total Reflection X-Ray Fluorescence (TXRF).

Bezeichnung	FTICR-MS
Hersteller	Thermo Fisher Scientific, Bremen, Deutschland

Tabelle C-6: Massenspektrometer für die ESI-MS.

Bezeichnung	Plasma Quad 3
Hersteller	VG Instruments, Winsford, England
Instrumentdetektor	simultan
Akquisitionsmodus	kontinuierlich
Leistung	1370 W
Trägergas-Flussrate	1,3 l/min
Kühlgas-Flussrate	13 l/min
Zerstäuber (Meinhard) Flussrate	0,9 l/min

Tabelle C-7: ICP-MS für Messungen in Lösung.

Laser	
Bezeichnung	Nd:YAG laser Minilite II
Hersteller	Continuum, Santa Clara, USA
Wellenlänge	266 nm
Laserenergie	3 mJ
Laserpuls	3 – 5 ns
Modus	Q-switched mode
Folgefrequenz	10 oder 15 Hz
ICP-MS	
Bezeichnung	Element 2
Hersteller	Thermo Fisher Scientific, Bremen, Deutschland
Leistung	1025 W
Kühlgas-Flussrate	16 l/min
Trägergas-Flussrate	1,3 l/min
Spülgas-Flussrate	1 l/min
Transportgas-Flussrate	1,6 l/min

Tabelle C-8: Geräte für die LA-ICP-MS.

C.2 Chemikalien

Alle wässrigen Puffer und Lösungen wurden mit bidest. Wasser angesetzt (Milli-Q Wasseraufbereitungssystem, Millipore, Billerica, USA).

C Material und Methoden

Bezeichnung	Hersteller
1,4-Dithiothreitol	Merck, Darmstadt, Deutschland
2-(4-Isothiocyanatobenzyl)-1,4,7,10-tetraazacyclododecan-1,4,7,10-tetraessigsäure	Macrocyclics, Dallas, USA
6-Aminohexansäure	Merck, Darmstadt, Deutschland
Acetonitril	Merck, Darmstadt, Deutschland
Ameisensäure	Merck, Darmstadt, Deutschland
Ammoniumbicarbonat	Carl Roth, Karlsruhe, Deutschland
Anti-CYP1A1	IfADo
Anti-CYP2B1/2B2	Santa Cruz Biotechnology Inc., Santa Cruz, USA
Anti-CYP2C11	IfADo
Anti-CYP2E1	IfADo
Anti-CYP3A1	Santa Cruz Biotechnology Inc., Santa Cruz, USA
Anti-rabbit IgG peroxidase conjugate	Sigma Aldrich, Deisenhofen, Deutschland
Bradford-Reagenz	Sigma Aldrich, Deisenhofen, Deutschland
Bromphenol-Blau	Merck, Darmstadt, Deutschland
Bovine Serum Albumin (BSA)	Sigma Aldrich, Deisenhofen, Deutschland
Cer-Stammlösung	Merck, Darmstadt, Deutschland
Chicken anti-bovine albumin (Anti-BSA)	Dunn Labortechnik, Aasbach, Deutschland
Dual color molecular weight marker (250, 150, 100, 75, 50, 37, 25, 20, 15, 10 kDa) (MW-Marker)	Bio Rad, München, Deutschland
Dysprosiumchlorid	ACROS Organics BVBA, Geel, Belgien
Erbiumchlorid	ACROS Organics BVBA, Geel, Belgien
Essigsäure	Merck, Darmstadt, Deutschland
Ethanol	Carl Roth, Karlsruhe,

C Material und Methoden

	Deutschland
Europiumchlorid	ACROS Organics BVBA, Geel, Belgien
Gelatine	Sigma Aldrich, Deisenhofen, Deutschland
Glycerol	Carl Roth, Karlsruhe, Deutschland
Holmiumchlorid	ACROS Organics BVBA, Geel, Belgien
Iod	Riedl-de Haën, Seelze, Deutschland
Iodacetamid (IAA)	Sigma Aldrich, Deisenhofen, Deutschland
IODO-BEADS	PIERCE Biotechnology/Perbio, Rockford, USA
Kaliumchlorid	Merck, Darmstadt, Deutschland
Kaliumdihydrogenphosphat	Merck, Darmstadt, Deutschland
Kaliumiodid	Riedl-de Haën, Seelze, Deutschland
Lanthanchlorid	ACROS Organics BVBA, Geel, Belgien
Low molecular weight marker (Phosphorylase b, 97,4 kDa; BSA, 66,2 kDa; Ovalbumin 45,0 kDa; Carboanhydrase, 31,0 kDa; Trypsin Inhibitor, 21,5 kDa; Lysozym 14,4 kDa) (lMW-Marker)	Bio Rad, München, Deutschland
Lutetiumchlorid-hexahydrat	ACROS Organics BVBA, Geel, Belgien
Lysozym	Fluka, Buchs, Schweiz
Methanol	Carl Roth, Karlsruhe, Deutschland
Milchpulver	Carl Roth, Karlsruhe, Deutschland
Myoglobin	Sigma Aldrich, Deisenhofen, Deutschland
Natriumazid	Fluka, Buchs, Schweiz
Natriumcarbonat	Merck, Darmstadt, Deutschland
Natriumchlorid	Merck, Darmstadt, Deutschland

C Material und Methoden

Natriumdithionit	Riedl-de Haën, Seelze, Deutschland
Natriumdodecylsulfat (SDS)	Applichem, Darmstadt, Deutschland
Natriumhydrogencarbonat	Merck, Darmstadt, Deutschland
Natriumhydrogenphosphat	Merck, Darmstadt, Deutschland
Natriumiodid	Fluka, Buchs, Schweiz
Natronlauge	Carl Roth, Karlsruhe, Deutschland
Neodymchlorid	ACROS Organics BVBA, Geel, Belgien
Petroleum	Merck, Darmstadt, Deutschland
Praseodymchlorid-hydrat	ACROS Organics BVBA, Geel, Belgien
Puffer-Kit für Ready-to-use-Gel	Gelcompany, Tübingen, Deutschland
Rabbit anti-bovine casein (Anti-Casein)	Dunn Labortechnik, Aasbach, Deutschland
Rabbit anti-chicken lysozyme (Anti-Lysozym)	Dunn Labortechnik, Aasbach, Deutschland
Rhodium-Stammlösung	Merck, Darmstadt, Deutschland
Roti®-Blue	Carl Roth, Karlsruhe, Deutschland
Salpetersäure	Merck, Darmstadt, Deutschland
Salzsäure	Merck, Darmstadt, Deutschland
Selenstandard	Merck, Darmstadt, Deutschland
Terbiumchlorid	ACROS Organics BVBA, Geel, Belgien
Tetrabutylammoniumacetat (TBAA)	Fluka, Buchs, Schweiz
Thuliumchlorid	ACROS Organics BVBA, Geel, Belgien
Tricin	Applichem, Darmstadt, Deutschland
Tris(2-Carboxyethyl)-phosphin-hydrochlorid (TCEP)	PIERCE

C Material und Methoden

	Biotechnology/Perbio, Rockford, USA
Tris(hydroxymethyl)-aminomethan	Applichem, Darmstadt, Deutschland
TritonX	Carl Roth, Karlsruhe, Deutschland
Trypsin	Sigma Aldrich, Deisenhofen, Deutschland
Tween 20	Carl Roth, Karlsruhe, Deutschland
Western Lightning™ Chemiluminescence Reagent Plus	PerkinElmer, Waltham, USA
Ytterbiumchlorid-hexahydrat	ACROS Organics BVBA, Geel, Belgien
β-Casein	Sigma Aldrich, Deisenhofen, Deutschland

Tabelle C-9: Verwendete Chemikalien.

C.3 Protein- und Antikörpermarkierung

C.3.1 Labeling von Biomolekülen mit SCN-DOTA und Lanthaniden

C.3.1.1 Eingesetzte Puffer und Lösungen

20 mM TBAA-Puffer, pH = 5,5 – 6,0

- 1,206 g TBAA in 150 ml bidest. Wasser lösen.
- Mit 98%iger Essigsäure pH-Wert einstellen und auf 200 ml mit bidest. Wasser auffüllen.
- Bei 4°C lagern.

Lanthanid-Stammlösung

Das Lanthanidchlorid wird in TBAA-Puffer gelöst und auf eine Konzentration von 10 nmol/µl eingestellt.

SCN-DOTA-Stammlösung

Das abgewogene SCN-DOTA wird in TBAA-Puffer gelöst und auf eine Konzentration von 4 mg/ml eingestellt. (Keine Lagerung)

ACN

Carbonat-Bicarbonat-Puffer, pH 9,05

a) 0,1 M Na_2CO_3-Lösung

- 2,1 g Na_2CO_3 in 200 ml bidest. Wasser lösen.

b) 0,1 M $NaHCO_3$-Lösung

C Material und Methoden

- 1,7 g NaHCO$_3$ in 200 ml bidest. Wasser lösen.

c) 10 ml 0,1 M Na$_2$CO$_3$-Lösung mit 115 ml 0,1 M NaHCO$_3$-Lösung mischen und mit 375 ml bidest. Wasser auf 500 ml auffüllen.

0,1 M Tris-Puffer, pH 7,5

- 6,0 g Tris-HCl in 400 ml bidest. Wasser lösen.
- pH-Wert mit 6 N HCl einstellen und mit bidest. Wasser auf 500 ml auffüllen.

Proteinstammlösung

1 mg Protein in 1 ml Carbonat-Bicarbonat-Puffer lösen.

C.3.1.2 Durchführung

C.3.1.2.1 Reaktion des Lanthanids mit dem Makrozyklus

Das SCN-DOTA und das Lanthanidsalz werden in einem stöchiometrischen Verhältnis von 1:2 ($n_{SCN-DOTA}$:n_{Ln}) gemischt und für 1 h bei 37 °C inkubiert. Danach erfolgt die Reinigung mittels SPE-Säule (DSC-18; 3 ml; Sigma Aldrich, Deisenhofen, Deutschland) und Vakuum-Kammer (Waters, Milford, USA). Die Geschwindigkeit sollte 1 – 2 Tropfen pro Sekunde betragen. Die Aktivierung der Säule erfolgt durch 2,5 ml ACN gefolgt von 3 ml TBAA-Puffer. Dann wird die Probe aufgegeben und mit 5 ml TBAA-Puffer gereinigt. Der Linker wird mit 3 ml eines 2:1-Gemisch aus ACN und TBAA-Puffer von der Säule eluiert. Anschließend wird das Probeneluat in einem Wasserbad auf 40 – 45 °C erwärmt und das ACN durch einen Stickstoffstrom entfernt. Die Lösung wird in ein Eppendorf überführt und bei 4 °C gelagert. Erst kurz vor der Umsetzung mit dem Protein wird der pH-Wert mit 1 M NaOH auf 9 eingestellt.

C.3.1.2.2 Umsetzung des Proteins/Antikörpers mit SCN-DOTA(Ln)

Die Reaktion des Proteins mit dem Liganden SCN-DOTA(Ln) wird mit unterschiedlichen stöchiometrischen Verhältnissen durchgeführt. Allgemein gilt aber, dass mindestens 100 µg Protein eingesetzt werden sollten, um Ausbeuten von 77 % ± 6 % zu erhalten. Der Überschuss SCN-DOTA(Ln) ist abhängig von der späteren Anwendung des Proteins oder des Antikörpers.

Die Mischung aus Protein-Stammlösung und SCN-DOTA(Ln)-Lösung wird mit Carbonat-Bicarbonat-Puffer auf ein Volumen von 1 – 1,5 ml gebracht. Die Reaktionszeit beträgt 4 h bei RT auf einem Schüttler. Es folgt die Reinigung mit einer PD-Säule (PD-10 Desalting column oder PD Midi-Trap G-25, Sephadex, GE Healthcare, München, Deutschland) nach Anweisung des Herstellers. Zum eluieren der Proteine/Antikörper wird 0,1 M Tris-Puffer verwendet. Im nächsten Schritt erfolgt eine Aufkonzentrierung der Probe durch Ultrafiltration (Microsep Centrifugal Devices, 3 kDa, 10 kDa, 30 kDa cut off, VWR, Darmstadt, Deutschland). Um unspezifische Absorption zu vermeiden, wird die Membran des Zentrifugenröhrchens über Nacht mit zehnprozentiger Glycerollösung inkubiert. Danach wird die Lösung entfernt und das Röhrchen mit bidest. Wasser gereinigt (siehe auch Beipackzettel des Herstellers). Die Probe wird auf 300 – 500 µl eingeengt und danach dreimal mit 800 µl Tris-Puffer gewaschen. Das Endvolumen sollte zwischen 300 und 500 µl liegen. Die Proben werden je nach Eigenschaften bei 4 – 8 °C oder bei -20 °C gelagert.

C.3.2 Iodierung von Biomolekülen

C.3.2.1 Labeling mit IODO-BEADS

C.3.2.1.1 Reagenzien
IODO-BEADS
Iodierungspuffer
In 100 ml Reaktionspuffer werden 0,1499 g NaI gelöst (= 0,01 M NaI).
Reaktionspuffer
12,11 g Tris-HCl in bidest. Wasser lösen, mit HCl auf pH 6,5 – 7 einstellen und auf 1000 ml mit bidest. Wasser auffüllen (= 0,1 M Tris-Puffer).
Proteinlösung
Die entsprechende Menge Protein wird in Reaktionspuffer gelöst, so dass eine Konzentration von 2 mg/ml vorliegt.

C.3.2.1.2 Durchführung
Zunächst wird ein IODO-BEAD in 500 µl Reaktionspuffer gewaschen und dann mit einem Filterpapier getrocknet. Die trockene Perle wird zu 250 µl Iodierungspuffer in ein Eppendorfgefäß gegeben. Die Lösung muss sich gelbbraun färben, ansonsten ist die Perle nicht mehr reaktiv. Nach 5 min werden 250 µl Proteinlösung zugegeben. Nach 4 min bei RT (die Markierung von Antikörpern wird dagegen auf Eis durchgeführt) wird die Reaktion abgebrochen, indem die überstehende Lösung abpipettiert und in ein Zentrifugenröhrchen für die Ultrafiltration überführt wird. Die Perle wird mit 1 ml Reaktionspuffer gespült und der Puffer ebenfalls zur Probe pipettiert. Die Probe wird auf 300 – 500 µl eingeengt und danach dreimal mit 1 ml Reaktionspuffer gewaschen. Das Endvolumen sollte zwischen 300 und 500 µl liegen. Die Proben werden je nach Eigenschaften bei 4 – 8 °C oder bei -20 °C gelagert. Es werden Ausbeuten von 72 % ± 3 % erreicht.

C Material und Methoden

C.3.2.2 Labeling mit KI$_3$-Lösung

C.3.2.2.1 Reagenzien

50 mM KI-Lösung

Es werden 83 mg KI in 10 ml bidest. Wasser gelöst.

KI$_3$-Lösung

Zu einer 50 mM KI-Lösung wird unter Rühren I$_2$ bis zur Sättigung gegeben.

Reaktionspuffer (s. Kapitel C.3.2.1.1)

Proteinlösung

Die entsprechende Menge Protein wird in Reaktionspuffer gelöst, so dass eine Konzentration von ca. 1 mg/ml vorliegt.

50 mM Na$_2$S$_2$O$_4$-Lösung

Kurz vor dem Einsatz werden 87 mg Na$_2$S$_2$O$_4$ in 10 ml bidest. Wasser gelöst.

C.3.2.2.2 Durchführung

Es werden 250 μl Proteinlösung und 25 μl KI$_3$-Lösung zusammengegeben und für 10 min bei RT inkubiert. Danach wird die Reaktion durch Zugabe von 62,5 μl Na$_2$S$_2$O$_4$-Lösung gestoppt. Die Mischung wird 1 – 10 min bei RT stehen gelassen. Proteinproben werden direkt für die SDS-PAGE vorbereitet. Antikörper werden mittels PD-10 Säule und Ultrafiltration gereinigt (s. Kapitel C.3.2.3).

C.3.2.3 Besonderheiten bei der Antikörperiodierung

Da Antikörper meistens in natriumazidhaltigen PBS-Puffer geliefert werden, müssen die Lösungen zunächst mittels Ultrafiltration umgepuffert werden. Die Antikörperlösung wird mit einem Zentrifugenröhrchen, wie unter Kapitel C.3.1.2.2 beschrieben, eingeengt und dann dreimal mit Reaktionspuffer gewaschen. Dann erfolgt die Iodierung. Bei beiden Methoden wird die Antikörperlösung nach dem Labeling zunächst mittels einer Midi-Trap-Säule und 0,1 M Tris-Puffer (s. Kapitel C.3.1.2.2) gereinigt. Erst danach erfolgt die Ultrafiltration wie unter Kapitel C.3.2.1.2 beschrieben.

C.4 Quantifizierung

C.4.1 Quantifizierung von SCN-DOTA mit UV/VIS

C.4.1.1 Reagenzien

SCN-DOTA-Stammlösung (s. Kapitel C.3.1.2.1)

TBAA-Puffer (s. Kapitel C.3.1.2.1)

C.4.1.2 Durchführung

Um die Konzentration des SCN-DOTA nach der Bildung des Chelatkomplexes zu bestimmen wird das NanoDrop® ND-1000 Spektrophotometer genutzt.

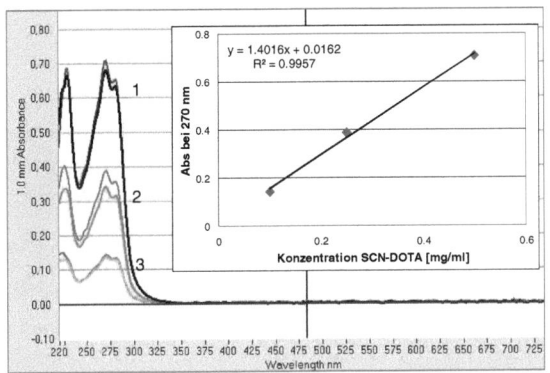

Abbildung C-1: UV-VIS-Spektrum von SCN-DOTA in verschiedenen Konzentrationen und die daraus resultierende Kalibrationsgerade. 1: 0,5 mg/ml; 2: 0,25 mg/ml; 3: 0,1 mg/ml; blau: TBAA-Puffer.

Es wird eine Konzentrationsreihe von 0,1 – 0,5 mg/ml aus der SCN-DOTA-Stammlösung angesetzt. TBAA-Puffer dient als Blindprobe. Je 2 µl der Standards und der Proben werden mit UV/VIS vermessen und es wird die mittlere Absorption bei 270 nm (Absorption des Benzylrings) aus zwei Replikaten bestimmt. Aus der Kalibrationsgerade lässt sich die unbekannte Konzentration der Proben berechnen.

C.4.2 Bradford-Assay mit NanoDrop® ND-1000 Spektrophotometer

Der Bradford-Assay dient zur Quantifizierung von Proteinen in Lösung. Je nach Probenkonzentration wird entweder ein Bradford-Assay (100 – 1000 µg/ml) oder ein Miniassay (10 – 100 µg/ml) durchgeführt. Das Protokoll basiert auf den Angaben der Bedienungsanleitung zum NanoDrop® ND-1000 Spektrophotometer.

C.4.2.1 Reagenzien

Bradford-Reagenz
0,1 M Tris-Puffer, pH = 7 – 7,5 (s. Kapitel C.3.1.1)
BSA-Stammlösung
1 mg BSA gelöst in 1 ml Tris-Puffer.

C.4.2.2 Bradford-Assay

Das Bradford-Reagenz enthält den Farbstoff Coomassie-Briliantblau (CBB). Dieser bindet recht unspezifisch an Proteine in saurer Lösung. Durch die Bindung wird das Absorptionsmaximum des Farbstoffes von 465 auf 595 nm verschoben.

Zunächst werden die Proteinstandards mit 0,1 M Tris-Puffer hergestellt. Die Kalibrationsreihe sollte von 100 – 1000 µg/ml BSA reichen. Dann werden 4 µl von jedem Standard und jeder Probe in Eppendorfröhrchen gegeben. In das Röhrchen mit der Blindprobe werden 4 µl Puffer gegeben. In jedes Röhrchen werden nun 200 µl gut geschütteltes Bradford-Reagenz gegeben. Die Röhrchen werden kurz geschüttelt, und es folgt eine Inkubationszeit von 10 min bei RT. Danach werden die Lösungen am NanoDrop® ND-1000 Spektrophotometer im „Protein Bradford Module" bei 595 nm vermessen. Dazu werden 2 µl von jeder Probe und jedem Standard aufgegeben. Jede Lösung wird dreimal vermessen, und aus den Einzelmessungen wird dann die mittlere Extinktion bei 595 nm bestimmt. Die Messung muss innerhalb einer Stunde durchgeführt werden, da der Komplex nicht länger stabil ist. Anschließend wird die mittlere Extinktion gegen die Standardproteinkonzentration aufgetragen und aus der Geradengleichung die unbekannte Probenkonzentration bestimmt.

C.4.2.3 Mini-Bradford-Assay

Zunächst werden die Proteinstandards mit 0,1 M Tris-Puffer hergestellt. Die Kalibrationsreihe sollte von 10 – 100 µg/ml BSA reichen. Dann werden 20 µl von jedem Standard und jeder Probe in Eppendorfröhrchen gegeben. In das Röhrchen mit der Blindprobe werden 20 µl Puffer gegeben. In jedes Röhrchen werden nun 20 µl gut geschütteltes Bradford-Reagenz gegeben. Für den weiteren Ablauf siehe Kapitel C.4.2.2.

C.4.3 Quantifizierung von Elementen in Lösung mit ICP-MS

C.4.3.1 Eingesetzte Puffer und Lösungen

Eu-Stammlösung

Es wird eine Lösung aus $EuCl_3$ mit einer Konzentration von 0,01 mg/ml in bidest. Wasser angesetzt.

Interne Standards

Die Rh- und Ce-Stammlösungen besitzen eine Konzentration von 1 mg/ml. Von diesen Lösungen werden je 100 µl auf 10 ml mit dreiprozentiger Salpetersäure verdünnt. 10 µl entsprechen dann 100 ng Rhodium bzw. Cer.

Salpetersäure

TritonX-Lösung (1 %)

C.4.3.2 Kalibrationsreihe

Die Kalibrationsreihe sollte von 0 (Blindprobe) bis 50 ng/ml Eu reichen. Dafür werden entsprechende Mengen von der Eu-Stammlösung abgenommen und mit bidest. Wasser auf 10 ml verdünnt. Außerdem enthält jeder Eu-Standard 20 ng/ml Ce bzw. Rh als internen Standard, 0,05 % TritonX sowie 3 % Salpetersäure.

C.4.3.3 Proben

Die Proben werden mit bidest. Wasser auf 5 ml verdünnt. Außerdem soll diese Lösung 20 ng/ml Cer oder Rhodium als internen Standard, 0,05 % TritonX sowie 3 % Salpetersäure enthalten.

C.4.3.4 Messung

Die Proben werden mit Hilfe einer peristaltischen Pumpe über eine Kapillare in das ICP-MS (Plasma Quad 3) eingebracht. Die Pumpgeschwindigkeit beträgt 0,4 ml/min. Die Zerstäuberkammer ist auf 5 °C gekühlt. Nach dem Vermessen der Kalibrationsreihe von der niedrigsten zur höchsten Konzentration wird 5 min mit der Blindprobe gespült. Nach einer abgeschlossenen Probenmessung wird mit der folgenden Probe zunächst 90 s gespült, bevor die Messung gestartet wird.

C.4.4 Quantifizierung von Elementen mit TXRF – *Total Reflection X-Ray Fluorescence*

Die Total Reflection X-Ray Fluorescence (TXRF) wurde genutzt, wenn das ICP-MS nicht zur Verfügung stand. Sie ist eine vielseitige, energiedispersive Methode zur Elementanalyse kleinster Probenmengen. Sie ist eine spezielle Methode der Röntgenfluoreszenzanalyse (XRF) und wurde erstmals 1971 von Yoneda and Horiuchi (1) vorgestellt. Es sind nur wenige Mikrogramm einer festen Probe bzw. wenige Mikroliter einer Flüssigkeit nötig, um eine vollständige Mikroanalyse durchzuführen. Heute findet die TXRF Verwendung in der Spurenanalytik, z.B. bei der Trinkwasseruntersuchung, in der Forensik bei der Untersuchung von Gewebe, bei der chemischen Analyse von Farbpigmenten, sowie bei der Reinheitsbestimmung von Wafern in der Halbleitertechnik. Ausführliche Informationen zu dieser Methode sind in den Referenzen (2), (3) und (4) zu finden.

C.4.4.1 Durchführung

Die unverdünnte Probe (5 µl) wird auf einen sauberen Quarzglasträger aufgetragen und ca. 15 min unter einer Rotlichtlampe getrocknet. Danach werden 0,4 ppm Selenstandard auf die Probe gegeben, und die Lösung wird erneut unter der Rotlichtlampe getrocknet. Danach wird der Probenträger in das TXRF-Spektrometer eingesetzt und vermessen.

C.5 Elektrophorese

C.5.1 Horizontale SDS-PAGE mit Rehydration

C.5.1.1 Eingesetzte Puffer und Lösungen

Anodenpuffer, pH = 8,4
- 36,34 g Tris, 1,0 g SDS und 0,1 g NaN_3 in 500 ml bidest. Wasser lösen.
- Mit Essigsäure (96 %) den pH-Wert auf 8,4 einstellen, dann auf 1000 ml mit bidest. Wasser auffüllen.

Gelpuffer, pH = 8,0
- 36,34 g Tris, 1,0 g SDS und 0,1 g NaN_3 in 500 ml bidest. Wasser lösen.
- Mit Essigsäure (96 %) den pH-Wert auf 8,0 einstellen, dann auf 1000 ml mit bidest. Wasser auffüllen.

Kathodenpuffer, pH = 7,15
- 9,69 g Tris, 143,34 g Tricine, 1,0 g SDS und 0,1 g NaN_3 in 1000 ml bidest. Wasser lösen.
- Es ist keine pH-Wert-Einstellung nötig.

Probenpuffer (Stammlösung)
- 3,0 g Tris in 40 ml bidest. Wasser lösen.
- Mit Essigsäure (96 %) den pH-Wert auf 7,5 einstellen, dann auf 50 ml mit bidest. Wasser auffüllen.

Reduzierender Probenpuffer
- 1 ml Stammlösung, 0,1 g SDS, 15 mg DTT und 1 mg Bromphenol-Blau in 10 ml bidest. Wasser lösen.
- Jeden Tag frisch ansetzten.

Petroleum

C.5.1.2 Vorbereitung des Gels

Vor der Elektrophorese muss das trockene Fertiggel (Clean Gel 10 %, ETC Electrophoresis, Kirchentellinsfurt, Deutschland) rehydriert werden. Dazu wird das Gel für

1 h in Gelpuffer mit der Kunststoffplatte nach oben eingelegt. Es dürfen sich keine Luftblasen unter dem Gel befinden. Danach wird das Gel mit Hilfe eines Filterpapiers getrocknet.

C.5.1.3 Probenvorbereitung

Die Probe wird im Verhältnis 1:1 oder 1:2 mit dem reduzierenden Probenpuffer verdünnt und für 4 min auf 95 °C erhitzt.

C.5.1.4 Durchführung der Elektrophorese

Zunächst muss 15 min vor dem Start der Elektrophorese die Wasserkühlung angestellt werden. Um das Gel besser positionieren zu können, werden 1 ml Petroleum auf die Kühlplatte gegeben. Dann wird das Gel mit den Probenkammern zur Kathodenseite gerichtet auf die Platte gelegt. Es sollten keine Luftblasen vorhanden sein. Als nächstes werden der Kathoden- und der Anodenstreifen aus Filterkarton in 20 ml des entsprechenden Puffers eingelegt. Als erstes wird der Kathodenstreifen auf den Rand an der Kathodenseite des Gels (entspricht der Seite mit den Probenkammern) aufgelegt. Danach erst wird der Anodenstreifen auf der gegenüberliegenden Seite auf das Gel gelegt, so dass Gel und Streifen ca. 5 mm überlappen. Als nächstes werden mögliche Luftblasen entfernt, damit ein vollständiger Kontakt zwischen Gel und Elektrodenstreifen herrscht. Je 10 – 15 µl der vorbereiteten Proben sowie 7 µl MW-Marker werden in die Probenkammern pipettiert. Die Elektrodenkabel werden angeschlossen und die Sicherheitsplatte verschlossen. Die Elekrophorese ist abgeschlossen, wenn der Farbstoff Bromphenol-Blau das Ende des Gels auf der Anodenseite erreicht hat.

Stufe	Zeit [min]	Spannung [V]	Stromstärke [mA]	Leistung [W]
1	10	200	70	40
2	40 – 80	400	100	40

Tabelle C-10: Elektrophorese-Einstellungen für ein ganzes Gel. Die angegebene Stromstärke und Leistung sind Maximalwerte und werden vom Programm angepasst, um die Spannung konstant bei 200 bzw. 400 V zu halten; wird nur ein Teil des Gels verwendet, müssen Stromstärke und Leistung entsprechend angepasst werden.

C.5.2 Horizontale SDS-PAGE mit *Ready-to-use*-Gel

Diese Methode wurde nur für das Cytochrom P450-Profiling verwendet.

C.5.2.1 Puffer und Lösungen

Puffer-Kit
Das Kit enthält Anodenpuffer, Kathodenpuffer, Probenpuffer und Verdünnungspuffer.

DTT-Lösung, 1 % (w/v)
IAA-Lösung, 4 % (w/v)
Petroleum

C.5.2.2 Vorbereitung des Gels

Das Ready-to-use-Gel 10 % von Gelcompany, Tübingen, Deutschland kann direkt eingesetzt werden.

C.5.2.3 Probenvorbereitung

Die Proben werden 1:1 mit dem Probenpuffer verdünnt. Dann werden die Proben mit dem Verdünnungspuffer soweit verdünnt, bis die gewünschte Probenkonzentration für die Elektrophorese erreicht ist. Zu dieser Lösung werden dann 5 % (v/v) DTT-Lösung gegeben und die Proben für 4 min bei 95 °C erhitzt. Wenn die Proben abgekühlt sind werden 5 % IAA-Lösung zugegeben.

C.5.2.4 Durchführung der Elektrophorese

s. Kapitel C.5.1.4.

Stufe	Zeit [min]	Spannung [V]	Stromstärke [mA]	Widerstand [W]
1	60	600	42	30
2	50 – 70	1000	50	60

Tabelle C-11: Elektrophorese-Einstellungen für ein ganzes Gel. Die angegebene Stromstärke und Leistung sind Maximalwerte und werden vom Programm angepasst, um die Spannung konstant bei 600 bzw. 1000 V zu halten; wird nur ein Teil des Gels verwendet, müssen Stromstärke und Leistung entsprechend angepasst werden.

C.5.3 Isoelektrische Fokussierung

C.5.3.1 Puffer und Lösungen

Bidest. Wasser
Ethanol
Petroleum
TritonX

C.5.3.2 Probenvorbereitung

Es werden 0,5 µg natives Protein mit bidest. Wasser auf ein Volumen von 20 µl gebracht.

C.5.3.3 Durchführung

Für die IEF wird ein Fertiggel (FocusGel 3-10, ETC Electrophoresis, Kirchentellinsfurt, Deutschland) mit einem pH-Gradienten von 3 – 10 verwendet.

Die Kühlplatte der Elektrophoresekammer wird mittels Thermostat auf 7 °C eingestellt, 1,2 ml Petroleum werden auf die Platte gegeben und das Gel wird mittig platziert. Mögliche Luftblasen werden entfernt. Dann werden die Probennetze mit einer Pinzette auf dem Gel positioniert, so dass sie 1 cm entfernt vom Anodendraht liegen und zwischen den Netzen ein Abstand von 0,5 – 1 cm eingehalten wird. Die langen Seiten sind parallel zur Laufstrecke ausgerichtet. Es sind keine Elektrodenfilter nötig. Die Platindrähte werden direkt auf dem Gel platziert. Sie müssen allerdings vor und nach der Fokussierung gut gereinigt werden.

	Stufe	Zeit [min]	Spannung [V]	Stromstärke [mA]	Widerstand [W]
1	Probeneintrag	30	500	25	13
2	Fokussieren	90	2000	22	32
3	Bandenschärfung	30	2000	20	35

Tabelle C-12: Einstellungen für die IEF. Die angegebene Spannung und Leistung sind Maximalwerte und werden vom Programm angepasst, um die Stromstärke konstant zu halten. Halbe Gele können mit den gleichen Bedingungen laufen.

C.5.4 Coomassie-Brilliantblau (CBB) -Färbung der Proteinbanden im Gel

Das Gel wird nach der Elektrophorese in eine Färbeschale überführt. Zunächst erfolgt eine komplette Anfärbung des Gels durch Schwänken in einer Färbelösung für 2 – 15 h. Die Färbelösung enthält 20 ml Roti®-Blue, 20 ml Methanol und 60 ml bidest. Wasser. Die Färbung beruht auf der Wechselwirkung des Farbstoffes CBB mit den Aminogruppen des Proteins, so dass durch einen Reinigungsschritt das Gel wieder entfärbt und die Proteinbanden sichtbar gemacht werden. Zum Entfärben wird das Gel für 5 min in einer Lösung aus 25 ml Methanol und 75 ml bidest. Wasser geschwenkt. Anschließend können die Banden mit Hilfe des FLA-5100 Scanner detektiert und ausgewertet werden.

C.6 Semi-Dry Blotting

C.6.1 Eingesetzte Puffer und Lösungen

Anodenpuffer I

- 0,3 mol/l Tris (18,15 g) und 20 % Methanol (100 ml) auf 500 ml mit bidest. Wasser auffüllen.

C Material und Methoden

Anodenpuffer II

- 25 mmol/l Tris (3,03 g) und 20 % Methanol (200 ml) auf 1000 ml mit bidest. Wasser auffüllen.

Kathodenpuffer

- 40 mmol/l 6-Aminohexansäure (2,6 g) und 20 % Methanol (100 ml) mit 500 ml bidest. Wasser auffüllen.

C.6.2 Durchführung

Die Größe des Gels muss bekannt sein, damit die benötigten Filterpapiere (1/F, Munktell) und die NC-Membran (0,45 µm, VWR, Darmstadt, Deutschland) passend zugeschnitten werden können. Die Filterpapiere werden im entsprechenden Puffer getränkt (s. Abbildung C-2). Das Gel und die Membran kommen für 5 min in eine Box mit Anodenpuffer II. Die Graphitanode wird mit bidest. Wasser angefeuchtet. Auf die Anode werden zunächst sechs Filter aus dem Anodenpuffer I gelegt. Darüber kommen drei Filter aus dem Anodenpuffer II. Es folgt die Membran und dann das Gel. Zum Schluss werden neun Filter aus dem Kathodenpuffer auf dem Gel positioniert und die Graphitkathode auf den Filtern platziert.

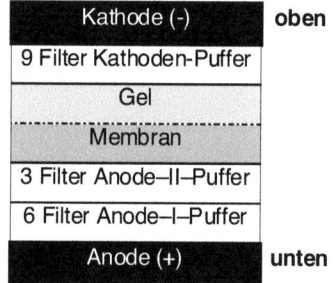

Abbildung C-2: Versuchsanordnung für das Semi-Dry Blotting.

Der Transfer der Proteine ist nach 1 h und einer konstanten Stromstärke von 0,8 mA / cm^2 Membran vollständig abgeschlossen. Um den Blottingprozess zu prüfen, kann das Gel anschließend mit CBB gefärbt werden. Sind keine Proteinbanden nachweisbar, war der Proteintransfer erfolgreich.

C.7 Westernblot

C.7.1 Puffer und Lösungen

10x PBS-Puffer

- 80 g NaCl, 1,5 g KCl, 7,65 g $Na_2HPO_4 \cdot 2\ H_2O$ und 1,9 g KH_2PO_4 in 1 l bidest. H_2O lösen.

1x PBS-Puffer (1 l, 6 Monate haltbar bei RT, pH = 7,3 – 7,5)

- 0,1 l von 10x PBS-Puffer abnehmen und auf 1 l mit bidest. H_2O verdünnen.

PBS–T

- 1x PBS-Puffer wird mit 0,05 % (v/v) Tween 20 versetzt.

Blockierlösung

- PBS–T wird mit 5 % (w/v) Milchpulver oder 5 % (w/v) Gelatine versetzt.

Antikörperlösung

Die Antikörperstammlösung wird in PBS-T verdünnt, so dass eine Konzentration von 0,2 – 1,0 µg/ml vorliegt. Je nach Membrangröße werden 5 – 10 ml Antikörperlösung eingesetzt.

C.7.2 Durchführung

Alle Schritte finden auf einem Schüttler bei RT statt. Nach dem Blotting wird die Membran für 10 min mit PBS-T gewaschen und für 1 h bis über Nacht mit Blockierlösung inkubiert. Dann folgen drei Waschschritte mit PBS-T für je 10 min und die Inkubation mit der Antikörperlösung für 2 h. Abschließend wird die Membran fünfmal mit PBS-T gewaschen und für die LA-ICP-MS an Luft getrocknet.

Erfolgt die Detektion mittels Chemilumineszenz wird nach dem letzten Waschschritt der Sekundärantikörper (anti-IgG, Verdünnung 1:3000 in PBS-T) auf die Membran gegeben. Nach 90 min Inkubation wird die Membran fünfmal mit PBS-T gewaschen. Für die Erzeugung der Chemilumineszenz wird das Western Lightning^{TM} Chemiluminescence Reagent Plus verwendet. Ein Teil Chemilumineszenz-Reagenz und ein Teil Oxidations-Reagenz werden gemischt (0,125 ml pro cm^2 Membran) und die Membran 1 min mit der Mischung inkubiert. Das überschüssige Reagenz wird entfernt und die Signale mittels FLA-5100 Scanner detektiert.

C.8 Tryptischer Verdau von Proteinen aus dem Gel

C.8.1 Puffer und Lösungen

ACN

Entfärbelösung

C Material und Methoden

80 mg Ammoniumbicarbonat in 20 ml ACN und 20 ml bidest. Wasser lösen. (Stabil für 2 Monate bei 4°C)

Verdaupuffer

10 mg Ammoniumbicarbonat in 5 ml bidest. Wasser lösen. (Stabil für 2 Monate bei 4°C)

Reduktionspuffer (50 mM)

Es werden 7 mg TCEP in 500 µl Verdaupuffer gelöst. (Direkt vor Verwendung herstellen, nicht verwahren!)

Alkylierungsreagenz (100 mM)

Es werden 9 mg IAA eingewogen, und das Gefäß wird mit Alufolie umwickelt, um das IAA vor Licht zu schützen. Dann wird der Feststoff in 500 µl bidest. Wasser gelöst. (Direkt vor Verwendung herstellen, nicht verwahren!)

HCl (1 mM)

Trypsin

Eine Ampulle Trypsin durch Zugabe von 100 µl 1mM HCl lösen und 900 µl Verdaupuffer zugeben. (4 Wochen bei -20°C stabil, 3 Auftauzyklen möglich)

Ameisensäure (1 %)

C.8.2 Durchführung

Alle Schritte erfolgen auf dem Schüttler.

C.8.2.1 Entfärben

Die gefärbten Proteinbanden werden aus dem Gel ausgestochen, in 1×1 – 2×2 mm große Stücke geschnitten und in Eppendorfröhrchen gegeben. Es werden 200 µl Entfärbelösung auf die Gelstücke gegeben und für 30 min bei 37 °C inkubiert. Dann wird die Lösung abgenommen und verworfen. Der Entfärbeschritt wird einmal wiederholt.

C.8.2.2 Reduzieren und Alkylieren

Die Reduzierung und Alkylierung von Cysteinresten im Protein dient zur Verminderung von Modifikationen sowie Nebenreaktionen zwischen Disulfidbrücken und soll so die anschließenden Untersuchungen des Proteins mittels ESI-MS erleichtern.

Zunächst werden 30 µl Reduktionspuffer auf die Proben gegeben und für 10 min bei 60 °C inkubiert. Nachdem die Proben abgekühlt sind wird die Lösung abgenommen und 30 µl Alkylierungsreagenz zu den Proben pipettiert. Die Proben werden 1 h im Dunkeln inkubiert. Dann wird die Lösung abgenommen und 200 µl Entfärbelösung zu den Gelstücken gegeben. Diese werden für 15 min bei 37 °C inkubiert. Die Lösung wird abgenommen und verworfen. Der Schritt wird einmal wiederholt.

C Material und Methoden

C.8.2.3 Tryptischer Verdau

Die Gele werden zum Einschrumpfen mit 50 µl ACN für 15 min bei RT inkubiert und dann für 5 – 10 min an Luft getrocknet. Es folgt die Inkubation mit 10 µl aktivierter Trypsinlösung für 10 min bei RT. Danach werden 25 µl Verdaupuffer zugegeben und die Proben über Nacht bei 30 °C inkubiert. Die Lösung wird abgenommen und in ein neues Gefäß überführt. Die Gelstücke werden noch einmal für 5 min bei RT mit 10 µl Ameisensäure inkubiert. Die Lösung wird ebenfalls in das neue Gefäß überführt. Die Proben werden bis zur Messung bei -80 °C gelagert.

C.9 LA-ICP-MS

Das Kernstück der Zelle besteht aus einem PTFE-Zylinder, auf dem die Membran angebracht wird, sowie einem PTFE-Einsatz, um das Zellvolumen auf ca. 11 cm^3 zu minimieren. Der Gaseinlass und der –auslass sind an zwei gegenüberliegenden Zellwänden angebracht. Die Zelle ist über einen PE-Schlauch (Länge: 50 cm; Durchmesser: 4 mm) mit dem ICP-MS verbunden. Die Flussrate beträgt 1,3 l/min. Als Transportgas wird Helium eingesetzt, welches über den Gaseinlass in die Zelle gelangt. Es transportiert das durch den Laser erzeugte Probenaerosol aus der Kammer in das ICP-MS. Zusätzlich wird Argon als Spülgas eingesetzt. Dieses wird hinter der Kammer über ein T-Stück in den PE-Schlauch zum ICP-MS eingeleitet. (s. auch Abbildung B-6)

Für die Laser Ablation wird ein Nd:YAG Laser eingesetzt, der durch zwei Linsen und das Quarzfenster auf der Oberfläche der Membran fokussiert wird. Die Ablationszelle wird durch einen Schrittmotor kontrolliert, der sich mit einer Geschwindigkeit von 0,8 mm/s oder 1 mm/s in Bezug auf den fixierten Laser bewegt. Auf diese Weise werden überlappende Krater (Durchmesser = 500 mm) in Form einer geraden Linie erreicht (Linienscan). Durch Rotation des Zylinders und Bewegung der Zelle entlang des fixierten Lasers ist ein sukzessiver Probenabtrag durch den Laser in zwei Dimensionen möglich. Die Nitrocellulosemembran wird so in Rasterlinien von 0,5 mm oder 1 mm Abstand abgetastet (s. auch Abbildung B-7). Die Positionierung und das Triggern des Lasers finden automatisch durch eine Mikroprozessor-Kontroll-Einheit statt.

Für die ICP-MS wird ein Sektorfeldinstrument (Element 2) verwendet. Ein Aridus-Zerstäubersystem (Cetac, Omaha, USA) wird eingesetzt, um die Einstellungen des ICP-MS und die Reproduzierbarkeit der Instrumentsensitivität zu prüfen und zu optimieren. Unter diesen Bedingungen ist auch die Sensitivität der LA optimal, da der Aridus ein nahezu trockenes Aerosol erzeugt, welches dem laserproduzierten Aerosol sehr ähnlich ist. Die verschiedenen Lanthanidisotope und $^{127}I^+$ werden im Low-Resolution-Modus

C Material und Methoden

gemessen. Für die Multiplexing-Experimente werden ausgewählte Lanthanidisotope quasi-simultan im E-Scan gemessen. Details zu den Scan-Modi der Experimente sind im Anhang F.1 zusammengefasst.

Die gemessenen Daten jedes Linienscans werden mit Hilfe eines Matlab-Programms (The MathWorks, USA), das von Dr. P. Lampen am ISAS entwickelt wurde, zusammengefasst, um sie für die Auswertung in das Programm Origin 8G (Originlab Corporation Northhampton, USA) exportieren zu können. Hier werden Intensitäts-Zeit-Profile wie auch farbkodierte Oberflächenplots erstellt, indem die Zeitskala in eine mm-Skala umgerechnet wird. Abbildung C-3A zeigt einen 2D-Oberflächenplot eines LA-ICP-Massenspektrums. Die Nummern 1 bis 4 können je einer Probenspur aus der SDS-PAGE zugeordnet werden. Die einzelnen Linienscans einer Spur werden summiert und dann als Elektropherogramm wie in Abbildung C-3B zusammengefasst. Diese Darstellung ermöglicht die Integration der Peakflächen mittels Eurochrom 2000 (Version 1.6, Knauer GmbH, Berlin, Deutschland).

Zudem ist in dem Elektropherogramm eine Spikekorrektur möglich. Spikes sind unspezifische Signale im ICP-MS, die wahrscheinlich durch Memory-Effekte abgelagerter Partikel verursacht werden. Abbildung C-3A zeigt jedoch, dass sie von den gesuchten Proteinbanden deutlich zu unterscheiden sind. Um die Elektropherogramme übersichtlicher zu gestalten, wurden Spikes teilweise retuschiert. Dies ist in den betroffenen Abbildungsunterschriften vermerkt. Ein Beispiel ist in Abbildung C-3C gezeigt, die die spike-korrigierte Version von Abbildung C-3B zeigt.

C Material und Methoden

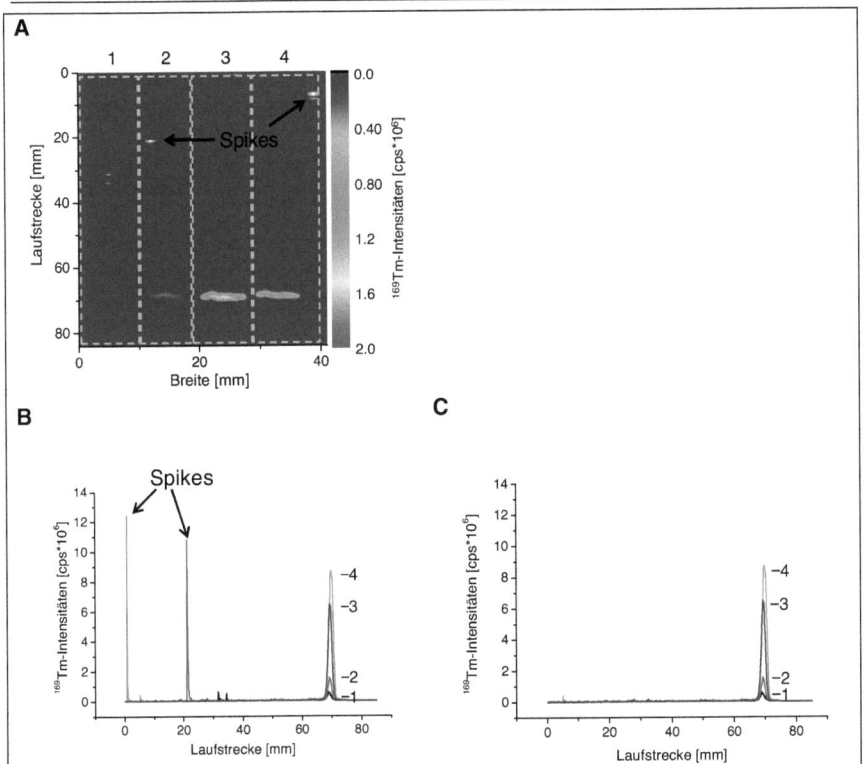

Abbildung C-3: A: 2D-Oberflächenplot eines LA-ICP-Massenspektrums. Die gemessenen Elementintensitäten (hier: $^{169}Tm^+$) sind im Balken neben dem Plot gezeigt. Es wurden vier Proteinproben mittels SDS-PAGE getrennt und auf eine NC-Membran überführt. **B:** Summe aller Linienscans einer Probenspur (entsprechen einem gestrichelten Kasten in Abbildung C-3A). Nummerierung analog zu den Kästen in C-3A. Dieses Liniendiagramm wird als Elektropherogramm definiert. **C:** Abbildung C-3B nach Spike-Korrektur.

C.10 LC-MS/MS – Flüssigchromatographie gekoppelt mit Tandemmassenspektrometrie

Für die Nano-Elektrospray-FTICR-MS Experimente wird ein LTQ FT Fourier Transform Ionen Zyklotron Resonanz Hybrid Massenspektrometer (Thermo Fisher Scientific, Bremen, Deutschland) eingesetzt. Das FTICR-MS ist mit einem 7,0 Tesla aktiv geschirmten supraleitenden Magneten und einer Nano-Elektrospray-Ionenquelle ausgestattet. Das Massenspektrometer wird im positiven Ionisationsmodus verwendet.

Um Informationen über die Proteine, wie MW oder Aminosäuresequenz zu erhalten, wird auf die Proteindatenbank UniProt (www.pir.uniprot.org) zurückgegriffen. Die theoretischen Massen und Isotopenverteilungen der Proteine werden mit Xcalibur Software LTQ FT Version 2.0 SR 2 und Protein Calculator Software in FT Programs Version 2.02 (Thermo Electron, San Jose, USA) berechnet.

C.10.1 Informationen zur LC-Trennung

C.10.1.1 Lösungen

Mobile Phase A
- Enthält 5 % H_2O und 95 % ACN (v/v) in 10 mM NH_4Ac/HAc-Puffer (pH 4.8).

Mobile Phase B
- Enthält 5 % ACN und 95 % H_2O (v/v) in 10 mM NH_4Ac/HAc-Puffer (pH 4.8).

C.10.1.2 Durchführung

Die Peptidmischungen werden mittels high performance/pressure liquid chromatography (HPLC) getrennt (Surveyor HPLC System mit Surveyer MS Pumpe und Surveyer Autosampler, Thermo Fisher Scientific, Bremen, Deutschland). Für die Trennung wird eine ZIC-HILIC-Säule (150mm x 1 mm ID, Partikelgröße: 5 µm, SeQuant, Haltern, Deutschland) mit Vorsäule (5 mm x 1 mm ID, Partikelgröße: 5 µm) verwendet. Das Injektionsvolumen beträgt 2 µl. Der folgende binäre Gradient mit einer Flussrate von 75 µl/min wird verwendet: 10 % Lösung B isokratisch für 2 min, gefolgt von 10 bis 80 % in 36 min, 80 % isokratisch für 7 min, von 80 auf 10% in 2 min, und dann 10% Lösung B isokratisch für 13 min.

C.10.2 Einstellungen für die Elektrospray-MS/MS

Das Instrument wechselt automatisch zwischen den Einstellungen für MS und MS/MS. Aufgenommene MS Spektren werden im Massenbereich m/z = 300 – 1600 im FTICR erstellt. Die drei Ionen mit der stärksten Intensität werden isoliert; um eine genaue Massenbestimmung in einem schmalen Massenfenster mit einem FTICR-SIM-Scan durchzuführen. Die darauffolgende Fragmentierung findet in einer linearen Ionenfalle durch niederenergetische CID statt. Die allgemeinen MS-Einstellungen sind folgende: Spannung Zerstäuber, 3.5 kV; Temperatur Ionentransferrohr, 275 °C und normalisierte Kollisionsenergie 35 % für MS/MS.

C.11 Referenzen

1. **Yoneda, Y., Horiuchi, T.** 1971, Rev. Sci. Instrum., Bd. 47, S. 1069-1070.
2. **Klockenkämper, R., von Bohlen, A.** 1992, J. Anal. At. Spectrom., Bd. 7, S. 273-279.

3. **Vandenabeele, P., von Bohlen, A., Moens, L., Klockenkämper, R., Joukes, F., Dewispelaere, G.** 2000, Anal. Lett., Bd. 33, S. 3315-3331.

4. **von Bohlen, A.** Use of TXRF for analysis of artefacts. 2004, S. 23-34.

5. **Feldmann, I., Koehler, C. U., Roos, P. H., Jakubowski, N.** 2006, J. Anal. At. Spectrom., Bd. 21, S. 1006-1015.

D ERGEBNISSE UND DISKUSSION

D.1 Labeling von Biomolekülen mit SCN-DOTA und Lanthaniden

D.1.1 Markierung von Proteinen

In diesem Kapitel soll die Markierung von Proteinen mit SCN-DOTA und Lanthaniden besprochen werden. Ziel dieser Untersuchung ist das Erstellen einer Arbeitsanweisung für das Elementlabeling von Proteinen mit Hilfe des bifunktionellen Liganden SCN-DOTA und zwar unter möglichst einfachen Bedingungen. Des Weiteren soll die Eignung der Label für die Proteindetektion in Multiplexing-Experimenten mit LA-ICP-MS nach elektrophoretischer Trennung der Proteinproben und Transfer auf ein Blotmembran geprüft werden.

Das Labeling beinhaltet verschiedene funktionelle Einheiten, die miteinander verbunden werden müssen: Erstens das bindende Molekül (Protein) und zweitens der bifunktionelle Ligand (SCN-DOTA). Dieser setzt sich aus dem metallbindenden Makrozyklus (DOTA), dem Element, welches über ICP-MS detektiert wird (Lanthanidion) und einer reaktiven Gruppe zusammen (Isothiocyanatgruppe), die über einen kurzen Platzhalter (Benzylgruppe) mit dem Makrozyklus verbunden ist. Der Reaktionsmechanismus für das Labeling von Proteinen mit SCN-DOTA und Lanthaniden ist Abbildung D-1 gezeigt und kann wie folgt beschrieben werden. Zunächst wird ein dreiwertiges Metall, z.B. Eu^{3+} zu dem bifunktionellen Liganden SCN-DOTA gegeben. Die Carboxylgruppen sowie die vier Stickstoffatome des Makrozyklus bilden koordinative Bindungen zu dem dreifach positiv geladenen Lanthanidion aus. Es wird ein Chelatkomplex gebildet, der eine einfach negative Gesamtladung trägt. Moreau et al. (1) analysierten den Komplexierungsmechanismus für die drei Lanthanidionen Eu^{3+}, Gd^{3+} und Tb^{3+} in Tetramethylammoniumchlorid bei 25 °C. Die Ergebnisse zeigen, dass zunächst zwei kurzlebige Intermediate geformt werden. Erst nach vier bis acht Wochen entsteht dann ein thermodynamisch stabiler Komplex, in dem das Lanthanidion über vier Stickstoffatome, vier Carboxylgruppen und ein Wasser koordiniert ist.

Im zweiten Schritt erfolgt die Derivatisierung des Proteins. Die reaktionsfähige Gruppe des SCN-DOTA ist die Isothiocyanatgruppe am Benzylring. Diese addiert leicht nukleophile Reagenzien, wie Amine oder Wasser. Die Aminogruppe des Proteins reagiert mit dem Kopplungsreagenz und bildet eine Isothioureaverbindung aus. Bei der Aminogruppe kann es sich sowohl um die terminale Aminogruppe handeln als auch um Lysin- oder Argininreste. Theoretisch sollte bei einem pH-Wert unter 7,5 nur die endständige Aminogruppe an die reaktive SCN-Gruppe binden. Oberhalb eines pH-Werts von neun sollten vor allem die ubiquitären Lysingruppen des Proteins reagieren, da diese höhere pK_s-Werte aufweisen als die terminale Aminogruppe (s. Abbildung D-2).

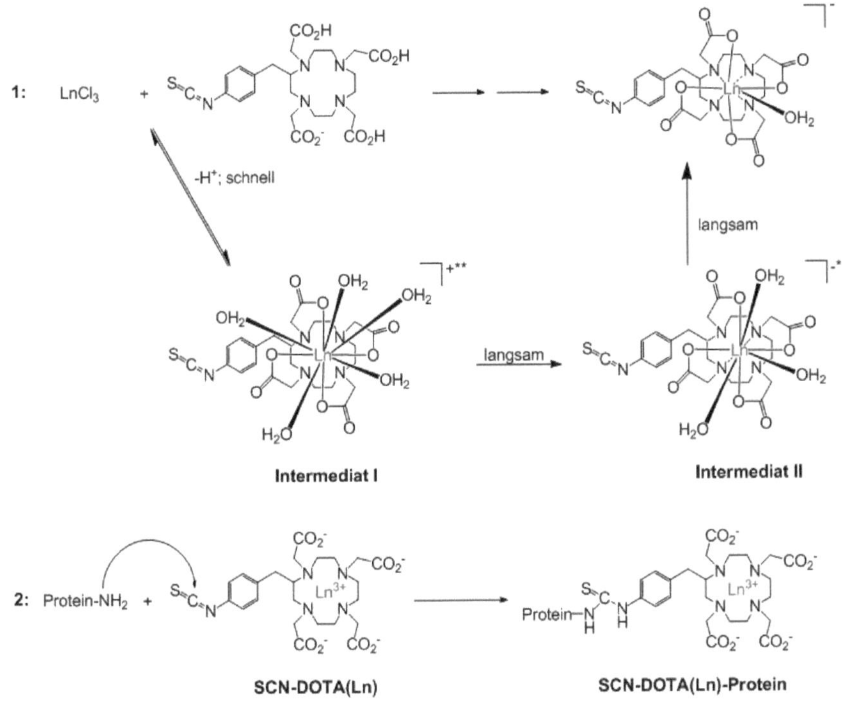

Abbildung D-1: Die Abbildung zeigt den Komplexierungsmechanismus für SCN-DOTA und ein Lanthanidion (Ln^{3+}) nach Moreau et al.(1). Zunächst bilden sich zwei kurzlebige Intermediate aus, die dann in einem langsamen Prozess in einen thermodynamisch stabilen Komplex übergehen, in dem das Ln^{3+} über vier Carboxylgruppen, vier Stickstoffatome und ein Wassermolekül vollständig koordiniert wird. Die Koordinationszahl des Lanthanids beträgt neun. Im zweiten Schritt erfolgt die Reaktion der SCN-Gruppe mit den Aminogruppen eines Proteins (Der Chelatkomplex ist hier vereinfacht dargestellt). Die nukleophile Aminogruppe greift das zentrale elektrophile C-Atom in der SCN-Gruppe an. Durch den folgenden Elektronenübergang und Umlagerung eines Protons entsteht eine Isothioureaverbindung zwischen dem bifunktionellen Liganden und der Aminogruppe des Proteins.

Einige Einflussgrößen, die für das Labeling mit SCN-DOTA von Proteinen wichtig sind, wurden bereits im Rahmen der Diplomarbeit charakterisiert und veröffentlicht. (2) (3) Allerdings startete die darin entwickelte Labelingmethode, im Gegensatz zu Abbildung D-1, mit der Reaktion des Proteins und SCN-DOTA. In einem zweiten Schritt wurde dann das Lanthanid zum derivatisierten Protein gegeben, um mit dem Makrozyklus des

D Ergebnisse und Diskussion

Liganden einen Chelatkomplex auszubilden. In den Referenzen (2) und (3) wurden die Modellproteine BSA und Lysozym verwendet und die Auswirkungen unterschiedlicher Überschussmengen an SCN-DOTA untersucht. Zudem wurden verschiedene Reaktionszeiten und -temperaturen getestet. Es wurde festgestellt, dass der Chelatkomplex mit seinen koordinativen Metallbindungen, trotz der harschen Bedingungen während der Probenvorbereitung (Einsatz von Reduktionsmitteln, Erhitzen der Proben auf 95 °C, elektrisches Feld während der SDS-PAGE) stabil ist und die kovalente Bindung zum Protein bestehen bleibt. In einem ersten Duplex-Experiment wurde holmiummarkiertes BSA und europiummarkiertes Lysozym in einer SDS-PAGE getrennt, auf eine NC-Membran überführt und mittels LA-ICP-MS detektiert. Die Proteinbanden konnten zwar eindeutig zugeordnet werden, jedoch waren auch zusätzliche Banden durch direkte Anlagerung von überschüssigen Europiumionen an BSA-Moleküle zu beobachten (= Sekundärsignale). Dieses Artefakt wurde mit ESI-MS-Untersuchungen am intakten europiummarkierten Lysozym belegt. (3) Dass noch freie Lanthanidionen vorlagen, zeigte auch die Untersuchung zur Wahl geeigneter stöchiometrischer Verhältnisse von Protein und Ligand. Mit Zunahme der eingesetzten Ligandenmenge nahm auch der Untergrund in der LA-ICP-MS zu. Um den Untergrund zu reduzieren und die unspezifischen Reaktionen freier Metallionen zu unterbinden, wurde die Labelingmethode noch einmal überarbeitet und die Reihenfolge wie in Abbildung D-1 gewählt. Hier setzen die folgenden Kapitel ein.

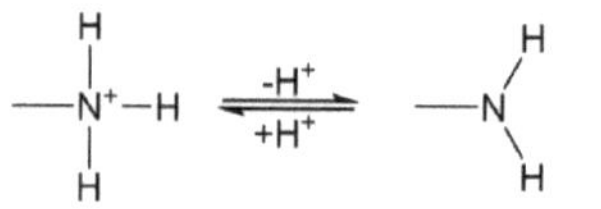

$$-\overset{H}{\underset{H}{N^+}}-H \xrightleftharpoons[+H^+]{-H^+} -\overset{H}{\underset{H}{N}}$$

terminale Aminogruppe pK_s = 8,0
Lysin pK_s = 10,8
Arginin pK_s = 12,5

Abbildung D-2: Die pK_s-Werte protonierbarer Aminogruppen in Proteinen. (4)

D.1.1.1 Entwicklung eines verbesserten Protokolls zur Proteinmarkierung mit SCN-DOTA und Lanthaniden

Um die unter Kapitel D.1.1 zusammengefassten Probleme aus der Diplomarbeit (2) (3) zu beheben, wurde die Reihenfolge des Labelingprozesses in dieser Arbeit geändert (s. auch Tabelle D-1). Dafür wurde zunächst der Ligand SCN-DOTA mit der Lanthanidlösung umgesetzt. Die Bildung des Chelatkomplexes ist stark pH abhängig, da der Protonierungsgrad der vier Carboxylgruppen des Makrozyklus je nach pH-Wert sehr unterschiedlich ist. Die reaktivste Form ist die monoprotonierte Form; bereits die zweifach protonierte Form ist um vier Größenordnungen weniger reaktiv. (1) Zhu und Lever (5)

D Ergebnisse und Diskussion

untersuchten deshalb die Komplexierungskinetik einiger Lanthanide mit DOTA für die pH-Werte zwei bis sechs. Es stellte sich heraus, dass ein pH von sechs bei 25 °C am besten für eine schnelle und stabile Komplexierung der Lanthanidionen geeignet ist. Für die Versuche wurde ein Ammoniumacetatpuffer verwendet. Da in dieser Arbeit das DOTA jedoch an eine reaktive Gruppe gebunden ist, die mit Aminen reagiert, wurde der Puffer durch Tetrabutylammoniumacetat (TBAA) ersetzt. Nach der Beladung des Makrozyklus mit Lanthanidionen erfolgte die Reinigung des Komplexes mittels einer DSC-18-Säule. Dies sollte ursprünglich vermieden werden, da die Aufreinigung des Chelatkomplexes mit dieser Säule aufwendig ist und zusätzliche Wasch- und Umpufferungsschritte beinhaltet. Zudem neigt die SCN-Gruppe zu Hydrolyse und die Stabilität des Liganden muss überprüft werden (s. Kapitel D.1.1.6). Es stellte sich heraus, dass mit dieser Methode bereits ein Verhältnis 1:2 ($n_{SCN-DOTA}:n_{Ln}$) ausreichend ist, um jeden Makrozyklus mit einem Lanthanidion zu besetzen (ESI-Massenspektrum, s. Anhang F.2). Im zweiten Schritt folgte dann die Reaktion des lanthanidbeladenen Liganden mit dem Protein. Die optimierten Reaktionsbedingungen sind in Tabelle D-1 aufgeführt.

Mit der neuen Methode konnte der Untergrund besonders für hohe Ligandenüberschüsse gesenkt werden. Abbildung D-3 vergleicht den Verlauf der Elektropherogramme für BSA, welches mit verschiedenen Ligandenüberschüssen derivatisiert wurde. Während die Methode I nach (2) und (3) bei einem Verhältnis von 1:100 einen erhöhten Untergrund aufweist, welcher auf ungebundenes Eu^{3+} zurückzuführen ist, ist mit der optimierten Methode auch noch ein 200-facher Überschuss SCN-DOTA(Eu) verwendbar; ohne einen signifikanten Anstieg des Untergrunds im Elektropherogramm zu beobachten. Während bei der Methode aus Referenz (2) und (3) eine Bestimmung des Labelinggrades ab 1:100 aufgrund des hohen Europiumuntergrunds nicht mehr möglich ist, wurde für die verbesserte Methode ein Wert von 4,8 ermittelt. Für einen 200-fachen Überschuss wurden sogar 10,2 Label pro Proteinmolekül berechnet.

D Ergebnisse und Diskussion

Methode I: Proteinlabeling nach Referenz (2) und (3)			Methode II: Optimierte Labelingmethode für Proteine		
	Reaktions-Schritt	Bedingungen		Reaktions-Schritt	Bedingungen
1	Reaktion des unmarkierten Liganden mit dem Protein	$n_{Protein}:n_{SCN-DOTA} = 1:40$ 4 h, RT Carbonat-Bicarbonat-Puffer, pH = 9,0	1	Ausbildung des Chelatkomplexes mit Ln^{3+}	$n_{Ln}:n_{SCN-DOTA} = 2:1$ 1 h, 37 °C TBAA-Puffer, pH = 5,5
2	Reinigung	PD-10-Säule; Ultrafiltration	2	Reinigung	DSC-18-Säule
3	Ausbildung des Chelatkomplexes mit Ln^{3+}	$n_{Ln}:n_{SCN-DOTA} = 10:1$ 30 min, 37 °C Ammoniumacetat-puffer, pH = 7 – 7,5	3	Reaktion des markierten Liganden mit dem Protein	$n_{Protein}:n_{SCN-DOTA(Ln)} = 1:40-1:200$ 4 h, 20 °C Carbonat-Bicarbonat-Puffer, pH = 9,0
4	Reinigung	Wiederholung Schritt 2	4	Reinigung	PD-10-Säule; Ultrafiltration

Tabelle D-1: Gegenüberstellung der Labelingmethoden aus Referenz (2) bzw. (3) (Methode I) und dieser Dissertation (Methode II). Methode II ist ausführlich in Kapitel C.3.1 beschrieben.

Aufgrund der Optimierung können nun höhere Überschüsse an SCN-DOTA eingesetzt werden und so bessere Labelinggrade erzielt werden als in Referenz (2) und (3); da kaum freie Eu^{3+}-Ionen in der Probe auftreten. In den folgenden Kapiteln muss nun die weitere Eignung von SCN-DOTA(Ln) geprüft werden, besonders ob mit der Änderung der Labelingreihenfolge auch die Sekundärsignale in Multiplexing-Experimenten unterbunden werden können.

Eine Anmerkung zu den Ausbeuten der Labelingprozedur: Wird die Methode II aus Tabelle D-1 verwendet gilt, dass mindestens 100 µg Protein eingesetzt werden sollten, um Ausbeuten von 77 % ± 6 % Protein zu erhalten.

D Ergebnisse und Diskussion

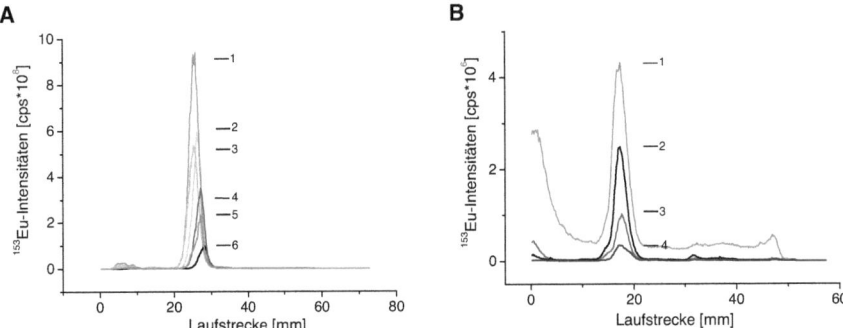

Abbildung D-3: Vergleich der ^{153}Eu$^+$-Intensitäten beider Methoden aus Tabelle D-1 in Abhängigkeit des stöchiometrischen Verhältnisses $n_{BSA}:n_{SCN-DOTA}$. Die Detektion erfolgte mit LA-ICP-MS nach SDS-PAGE und Transfer auf eine NC-Membran. Die Linien der Elektropherogramme ergeben sich aus der jeweiligen Summe aller Linienscans einer Probenspur. Im Folgenden wird der eingesetzte Überschuss SCN-DOTA sowie der erzielte Labelinggrad in Klammern angegeben. **A:** BSA mit verschiedenen Überschüssen SCN-DOTA(Ln) für 4 h bei 20 °C umgesetzt (Methode II). Linie 1: 1:160 (13,7), Linie 2: 1:200 (10,2), Linie 3: 1:120 (8,0), Linie 4: 1:80 (5,1), Linie 5: 1:100 (4,8), Linie 6: 1:40 (1,7). **B:** Umsetzung von BSA mit unterschiedlichen Stoffmengen SCN-DOTA für 24 h bei RT, im zweiten Schritt wird ein zehnfacher Eu^{3+}-Überschuss im Verhältnis zur eingesetzten Ligandenmenge zugeführt (Methode I). Linie 1: 1:100 (Aufgrund des hohen Eu-Untergrunds, keine Bestimmung möglich), Linie 2: 1:40 (2,4), Linie 3: 1:80 (1,7), Linie 4: 1:20 (0,4).

D.1.1.2 Reproduzierbarkeit der Labelingmethode

Um die Reproduzierbarkeit der Labelingmethode zu prüfen wurde Lysozym mit einem 40-fachen Überschuss an SCN-DOTA(Eu) unter den optimierten Bedingungen aus Tabelle D-1 (Methode II) derivatisiert. Es wurden drei Proben mit der gleichen Charge SCN-DOTA(Eu) angesetzt (1, 2, 3). Dann wurden drei Ansätze durchgeführt für die je eine neue Charge SCN-DOTA(Eu) hergestellt wurde (3, 4, 5). Jeder dieser Ansätze wurde mittels SDS-PAGE getrennt, auf eine Membran geblottet und mit LA-ICP-MS detektiert. Zudem wurde eine Probe dreimal aufgegeben (2, 2*, 2**). Für die folgende Diskussion werden die Reproduzierbarkeiten wie folgt definiert:

- Reproduzierbarkeit I: Intern; enthält die Reproduzierbarkeit des Probenauftrags, des Probentransfers auf die NC-Membran und der LA-ICP-MS (2, 2*, 2**).
- Reproduzierbarkeit II: Extern, Reproduzierbarkeit der Protein-Derivatisierung mit anschließender Proteinquantifizierung mittels Bradford-Assay + Reproduzierbarkeit I (1, 2, 3).
- Reproduzierbarkeit III: Extern, Reproduzierbarkeit der Darstellung von SCN-DOTA(Ln) + Reproduzierbarkeit II (3, 4, 5).

D Ergebnisse und Diskussion

Die integrierten Peakflächen sind in Tabelle D-2 zusammengefasst. Die geringste relative Standardabweichung wird für die dreimalige Trennung und Blotting derselben Probe erhalten (Reproduzierbarkeit I). Hier liegt die RSD bei 7 %, d.h. der Fehler durch Probenaufgabe, paralleler Trennung und Detektion ist eher gering einzuschätzen. Die RSD liegt für drei Proteintrennungen, die mit derselben Charge SCN-DOTA(Ln) umgesetzt werden (Reproduzierbarkeit II), dagegen schon bei 18 % und werden drei verschiedene Chargen zum markieren eingesetzt, steigt die Abweichung sogar auf 37 % (Reproduzierbarkeit III).

Die Reproduzierbarkeit II enthält, neben der internen Reproduzierbarkeit I, auch Fehler die bei der Protein-Derivatisierung bzw. bei der anschließenden Proteinquantifizierung mittels Bradford-Assay möglich sind (z.B. Pipettierfehler, Reproduzierbarkeit des Bradford-Assays). Diese führen dazu, dass die RSD für die Reproduzierbarkeit II mit 18 % einen fast dreifach so hohen Wert erreicht wie für die Reproduzierbarkeit I. Geht man noch einen Schritt weiter und setzt drei verschiedene Chargen SCN-DOTA(Eu) für das Labeling ein, steigt die Abweichung sogar auf 37 %. Dieser hohe Wert für Reproduzierbarkeit III zeigt, dass die Reproduzierbarkeit der Methode wesentlich durch die Herstellung des Labelingreagenz SCN-DOTA(Ln) und dessen Aufreinigungsprozess bestimmt wird.

Um den Grund für die Abweichung weiter einzugrenzen, wurde die Europiumkonzentration der Proben zudem mit ICP-MS in Lösung bestimmt und damit der Labelinggrad der verschiedenen Lysozymproben berechnet (s. Tabelle D-3). Die RSD-Werte fallen sehr unterschiedlich aus und liegen bei ca. 4 % für das Labeling mit derselben Charge SCN-DOTA(Ln) (Reproduzierbarkeit II) und bei ca. 27 % für das Labeling mit unterschiedlichen Chargen (Reproduzierbarkeit III). D.h. die Umsetzung des Proteins mit SCN-DOTA(Ln) ist wenig reproduzierbar, wenn unterschiedliche Reagenz-Chargen eingesetzt werden. Dies ist besonders bei quantitativen Fragestellungen zu berücksichtigen.

Bezeichnung	Peakfläche [cps•10^8]		
1	2,10	Mittelwert (1, 2, 3)	3,53•10^8
2	3,19	Stabw (1, 2, 3)	6,34•10^7
2*	3,40	RSD (1, 2, 3)	18 %
2**	3,12	Mittelwert (2, 2*, 2**)	2,19•10^8
3	3,66	Stabw (2, 2*, 2**)	1,44•10^7
4	4,09	RSD (2, 2*, 2**)	7,0 %
5	2,84	Mittelwert (3, 4, 5)	2,98•10^8
		Stabw (3, 4, 5)	5,93•10^7
		RSD (3, 4, 5)	37 %

Tabelle D-2: Integrierte Peakflächen nach Detektion mit LA-ICP-MS für die mehrmalige Umsetzung von Lysozym mit SCN-DOTA(Eu) zur Prüfung der Reproduzierbarkeit des Labelingverfahrens. Erläuterung der Probenbezeichnung: 1, 2, 3: Drei Labelingansätze mit derselben Charge SCN-DOTA(Eu) (Reproduzierbarkeit II); 2, 2*, 2**: Dieselbe Probe SCN-DOTA(Eu)-Lysozym dreimal auf ein SDS-PAGE-Gel aufgetragen und geblottet (Reproduzierbarkeit I); 3, 4, 5: Drei Labelingansätze mit drei verschiedenen Chargen SCN-DOTA(Eu) (Reproduzierbarkeit III).

Bezeichnung	$n_{Lysozym}:n_{Eu}$		
1	1,6	Mittelwert (1, 2, 3)	1,6
2	1,6	Stabw (1, 2, 3)	0,06
3	1,5	RSD (1, 2, 3)	3,7 %
4	2,0	Mittelwert (3, 4, 5)	2,0
5	2,6	Stabw (3, 4, 5)	0,5
		RSD (3, 4, 5)	27 %

Tabelle D-3: Reproduzierbarkeit des Labelinggrades für die Umsetzung von Lysozym mit SCN-DOTA(Eu). Erläuterung der Probenbezeichnung: 1, 2, 3: Drei Labelingansätze mit derselben Charge SCN-DOTA(Eu) (Reproduzierbarkeit II); 3, 4, 5: Drei Labelingansätze mit drei verschiedenen Chargen SCN-DOTA(Eu) (Reproduzierbarkeit III). Die Eu-Stoffmenge wurde mittels ICP-MS in Lösung bestimmt. Die Stoffmenge Lysozym wurde mittels Bradford-Assay ermittelt.

D.1.1.3 Einfluss des Labelinggrades auf den isoelektrischen Punkt und das Molekulargewicht

Wie bereits in Kapitel D.1.1.1 gezeigt, ist es mit der optimierten Methode möglich hohe Labelinggrade zu erzielen. Im folgenden Abschnitt soll untersucht werden, wie die Bindung

D Ergebnisse und Diskussion

vieler Label an die Aminosäuregruppen des Proteins dessen Eigenschaften bzw. die Mobilität in der Elektrophoresetrennung beeinflussen.

Abbildung D-4 zeigt in den Spuren eins bis sieben eine Veränderung des MW von BSA in Abhängigkeit der zugefügten Stoffmenge SCN-DOTA(Eu). Mit Hilfe der definierten MW der Markerbanden in Spur acht, können die MW der SCN-DOTA(Eu)-BSA-Banden berechnet werden. Für das unmarkierte BSA ergibt sich ein MW von 69 kDa, während für das BSA, welches mit einem stöchiometrischen Verhältnis von 1:40 derivatisiert wurde schon 72 kDa berechnet werden. Die Probe, die mit einem 200-fachen Überschuss SCN-DOTA(Eu) umgesetzt wurde weist sogar ein MW von 90 kDa auf. Mit steigendem Überschuss SCN-DOTA(Ln) verändern sich also die Laufeigenschaften der derivatisierten Proteine in der SDS-PAGE. Die Laufstrecke der markierten Proteine verkürzt sich, da das MW des Proteins durch die Masse der gebundenen Label ($MW_{SCN-DOTA(Eu)}$ = 703 g/mol) zunimmt, was zu erwarten war.

Ebenso treten Verschiebungen der SCN-DOTA(Eu)-BSA-Banden im Vergleich zum unmarkierten BSA in der IEF auf (s. Abbildung D-5). Ein Protein trägt aufgrund der sauren oder basischen Seitengruppen einzelner Aminosäuren negative oder positive Ladungen. Im sauren pH-Bereich sind die Aminogruppen, hauptsächlich von Lysin, Arginin und Histidin, protoniert. Dagegen überwiegen im basischen Bereich die negativen Ladungen an den Seitenketten von Aspartat und Glutamat. Der Gesamtladungszustand ist also abhängig vom pH-Wert der umgebenen Lösung. Die Aminosäuresequenz bestimmt den pI eines Proteins und dieser charakterisiert den Neutralpunkt, an dem sich positive und negative Ladungen kompensieren. Überwiegen negativ geladene Aminosäureseitengruppen, resultiert ein niedriger pI-Wert. (6) Die SCN-Gruppe des Labels reagiert mit den Lysinresten des Proteins, so dass diese nicht mehr protoniert zur Verfügung stehen. Der Anteil an negativen Ladungen im Protein im Verhältnis zu positiv geladenen nimmt zu und es sind mehr Protonen nötig, um diese zu neutralisieren, so dass sich die Proteinbande zu niedrigeren pH-Werten verschiebt. Der pI von BSA verschiebt sich umso stärker in Richtung niedriger pH-Werte, je mehr Überschuss an SCN-DOTA(Ln) eingesetzt wurde; somit hat die Anzahl der Label am Protein einen Einfluss auf die isoelektrischen Eigenschaften des Proteins.

Um möglichst hohe Lanthanidintensitäten in der ICP-MS zu erreichen, sollte ein hoher Überschuss SCN-DOTA(Ln) zum Einsatz kommen. Allerdings muss den veränderten Eigenschaften des derivatisierten Proteins bei Anwendung von SCN-DOTA(Ln) zur Identifizierung oder Quantifizierung von Proteinen Rechnung getragen werden. Sollen mit SCN-DOTA(Ln) derivatisierte Proben also mittels IEF oder SDS-PAGE getrennt werden, muss eine Verschiebung des pI und/oder des MW berücksichtigt werden; dies käme besonders zum Tragen, wenn bei einer späteren Charakterisierung und Identifizierung des Proteins die Position im Gel verwendet würde, welche auf diesen Eigenschaften beruht.

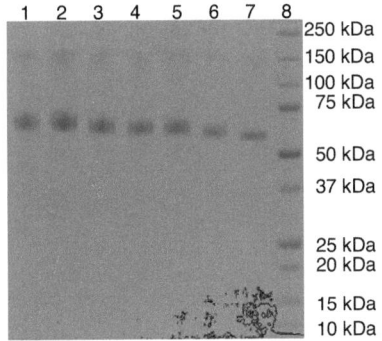
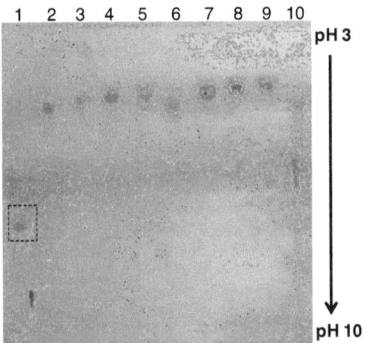

Abbildung D-4: Mit CBB gefärbte Proteinbanden nach SDS-PAGE. Aufgetragen wurden je 0,5 µg BSA, nach Umsetzung mit SCN-DOTA(Eu). Mit Hilfe des Markers wurde das MW der BSA-Banden bestimmt. Das stöchiometrische Verhältnis für die Reaktion von BSA und SCN-DOTA(Eu) betrug in Spur 1: 1:200 (90 kDa); Spur 2: 1:160 (77 kDa); Spur 3: 1:120 (76 kDa); Spur 4: 1:100 (75 kDa); Spur 5: 1:80 (75 kDa); Spur 6: 1:40 (72 kDa); Spur 7: unmarkiertes BSA (68 kDa); Spur 8: MW-Marker.

Abbildung D-5: Mit CBB gefärbte Proteinspots nach IEF (pH-Gradient 3-10). Aufgetragen wurden je 0,5 µg BSA, nach Umsetzung mit SCN-DOTA(Eu). Spur 1: Myoglobin (pI = 7,6); Spur 2, 6, 10: unmarkiertes BSA (pI = 4,7); Das stöchiometrische Verhältnis für die Reaktion von BSA und SCN-DOTA(Eu) betrug in Spur 3: 1:40; Spur 4: 1:80; Spur 5: 1:100; Spur 7: 1:120; Spur 8: 1:160; Spur 9: 1:200.

D.1.1.4 Einfluss des pH-Wertes auf den Labelinggrad

Während der Derivatisierung mit SCN-DOTA(Ln) reagieren die Aminogruppen des Proteins mit der SCN-Gruppe und bilden eine Isothioureaverbindung aus. Bei der Aminogruppe kann es sich sowohl um die terminale Aminogruppe handeln als auch um Lysin- oder Argininreste. Das Modellprotein BSA wurde mit einem 40-fachen Überschuss SCN-DOTA(Ln) bei verschiedenen pH-Werten von 5,5 bis 10,5 umgesetzt. Die Europiumintensität der Proteinbanden nimmt mit steigendem pH-Wert zu (s. Abbildung D-6).

D Ergebnisse und Diskussion

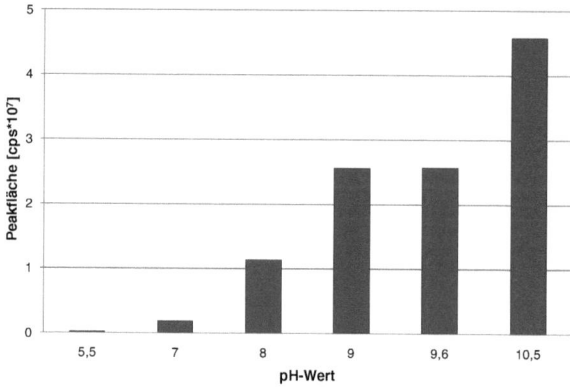

Abbildung D-6: Abhängigkeit der Lanthanidintensität vom pH-Wert des Labelingpuffers (pH 5,5: TBAA-Puffer; pH 7, 8: KH_2PO_4-Puffer; pH 9: Carbonat-Bicarbonat-Puffer; pH 9,6, 10: $NaHCO_3$-Puffer). Gezeigt sind die integrierten Peakflächen für je 7,5 pmol SCN-DOTA(Eu)-BSA nach LA-ICP-MS-Detektion.

Theoretisch sollte bei einem pH-Wert unter 7,5 nur die endständige Aminogruppe an das SCN-DOTA ankoppeln. Da die endständige Aminogruppe auch im Inneren eines Proteins liegen kann, ist diese für den Ligand nicht immer besonders gut zugänglich, so dass die Addition erschwert wird und der Labelinggrad niedrig ist. Oberhalb eines pH-Werts von neun reagieren vor allem die ubiquitären Lysingruppen des Proteins, da diese höhere pK_s-Werte aufweisen als die terminalen Aminogruppen (s. Abbildung D-2); wird der pH-Wert noch weiter erhöht, reagieren auch die Argininreste mit dem Liganden. Die Berechnung der Labelinggrade für diese Versuchsreihe führte für die pH-Werte ≤ 8 zu Werten unterhalb von eins. Für die pH-Werte neun und 9,6 betrugen die Labelinggrade 1,3 bzw. 3,7. Der höchste Wert mit 6,6 wurde für das Labeling mit einem pH-Wert von 10,5 ermittelt. Die Ergebnisse zeigen, dass die Erhöhung des Labelinggrades in Abhängigkeit vom ansteigenden pH-Wert nicht so erfolgreich ist, wie durch die Erhöhung des Überschusses SCN-DOTA(Ln) (vgl. Kapitel D.1.1.3). Deshalb wird auf eine Erhöhung des pH-Wertes über neun verzichtet, da unter stark basischen Bedingungen Proteine und besonders Antikörper geschädigt werden können.

D.1.1.5 Nachweisgrenzen für die Proteinbestimmung mit Hilfe von bifunktionellen Liganden und LA-ICP-MS

Für den Versuch wurden von SCN-DOTA(Eu)-BSA (100-facher Ligandenüberschuss, Labelinggrad: 4,8) folgende Stoffmengen in verschiedene Geltaschen gegeben, mittels SDS-PAGE „getrennt" und auf eine NC-Membran überführt: 7,50 pmol, 3,75 pmol, 1,50 pmol, 1,13 pmol, 0,75 pmol, 0,38 pmol, 0,15 pmol und 0,11 pmol. Für den zweiten Teil des Versuchs wurde die Membran mit einer Antikörperlösung inkubiert (s. Kapitel D.1.3.7). Danach erfolgte die Detektion mit der LA-ICP-MS. Die gemessenen Intensitäten wurden integriert und in Abbildung D-7 dargestellt.

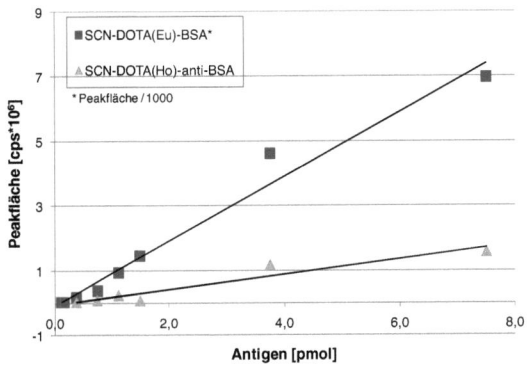

Abbildung D-7: Kalibrationsgeraden aus den integrierten Peakflächen nach LA-ICP-MS-Detektion eines Westernblots mit europiummarkierten BSA (Antigen) und holmiummarkierten Anti-BSA. Geradengleichung SCN-DOTA(Eu)-BSA: y = 996790 x − 77544, R^2 = 0.9744; Geradengleichung SCN-DOTA(Ho)-Anti-BSA: y = 235033 x − 62371, R^2 = 0.9157.

Die direkte Proteinnachweisgrenze der LA-ICP-MS ist noch nicht erreicht, da das ^{153}Eu mit einer Isotopenhäufigkeit von 52,2 % auch in der Probenspur mit 0,11 pmol SCN-DOTA(Eu)-BSA noch deutlich messbar ist. Die Auswertung zeigt einen sehr guten linearen Zusammenhang zwischen der Stoffmenge des Proteins und der integrierten Peakfläche. Das direkt markierte BSA zeigt mit 0,004 pmol (= 4 fmol) eine sehr niedrige berechnete Nachweisgrenze und auch der Untergrund ist mit 5,66·10^3 cps gering. Damit sind die Nachweisgrenzen der direkten Proteinmarkierung mit SCN-DOTA(Ln) und LA-ICP-MS-Detektion besser als die der konventionellen Färbung mit CBB oder Silberfärbung und vergleichbar mit der DIGE-Methode (s. Tabelle B-4).

D.1.1.6 Stabilität des Labels SCN-DOTA(Ln)

Da sich ein thermodynamisch stabiler DOTA(Ln)-Komplex erst nach einigen Wochen ausbildet (s. Kapitel D.1.1) liegt die Vermutung nahe, dass eventuell ein Metallaustausch zwischen verschiedenen Lanthanidkomplexen während eines Versuchs auftreten kann. In diesem Kapitel soll deshalb in einem einfachen Versuch gezeigt werden, dass ein Metallaustausch zwischen den Chelatkomplexen zu vernachlässigen ist. Dafür wurde eine gereinigte Probe SCN-DOTA(Eu) (909 nmol) halbiert und zur Hälfte der Lösung weitere

D Ergebnisse und Diskussion

454,5 nmol HoCl$_3$ gegeben. Beide Proben wurden über Nacht bei 8°C gelagert und dann mit Lysozym umgesetzt. Nach Trennung mittels SDS-PAGE und Blotting folgte die Detektion von ^{153}Eu$^+$ und ^{165}Ho$^+$ mit LA-ICP-MS. Die Auswertung der Peakflächen umgerechnet auf 100 % Isotopenhäufigkeit führt zu einem Eu-zu-Ho-Verhältnis von 2,12·10^3:1. Ein ähnliches Verhältnis wird auch noch nach einer Woche Lagerzeit erreicht (1,97·10^3:1 = Eu-Fläche:Ho-Fläche). D.h. freie Holmiumionen können nur minimal mit den gebundenen Europiumionen austauschen. Es kann somit angenommen werden, dass der Chelatkomplex bereits nach kurzer Zeit ausreichend stabil für die Proteinderivatisierung ist und ein Metallaustausch vernachlässigt werden kann.

In einem weiteren Versuch wurde die Stabilität des bifunktionellen Liganden geprüft, da die reaktive SCN-Gruppe, die für die Kopplung des Liganden an das Protein verantwortlich ist, zur Hydrolyse neigt. In diesem Versuch wurde SCN-DOTA(Eu) 24 h, eine Woche und zehn Wochen nach Herstellung mit Lysozym umgesetzt und die ^{153}Eu$^+$-Intensität mit LA-ICP-MS detektiert. Die Lagerung des bifunktionellen Liganden erfolgte bei 4 – 8 °C und pH = 5,5. Die Auswertung der Peakflächen zeigte, dass das Reagenz mit einer Lagerzeit von 24 h die höchste Intensität zeigt (3,82·10^8 cps). Nach einer Woche Lagerzeit wird eine Peakfläche von 2,01·10^8 cps erreicht und nach zehn Wochen Lagerzeit 1,82·10^8 cps. Es ist zwar ein Intensitätsverlust zu beobachten jedoch ist dieser mit einem Faktor zwei eher gering. Da das Label eine ausreichende Stabilität aufweist, ist es möglich einen Vorrat anzulegen, so dass für Multiplexing-Versuchsreihen aus einer großen Anzahl verschiedener SCN-DOTA(Ln) gewählt werden kann.

D.1.1.7 Eignung verschiedener Lanthanidsalze für das Proteinlabeling mit SCN-DOTA

Im folgenden Versuch sollte geprüft werden, ob die zur Verfügung stehenden Lanthanidsalze sich alle für das Proteinlabeling mit SCN-DOTA(Ln) eignen. Die Ionisationseigenschaften der Lanthanidelemente in der ICP-MS sind sehr ähnlich, weshalb keine wesentlichen Empfindlichkeitsunterschiede zu erwarten sein sollten. Allerdings ist denkbar, dass die Lanthanide wegen leicht unterschiedlicher Ionenradien unterschiedlich gut im „DOTA-Käfig" koordiniert werden. Dies sollte im folgenden Versuch geprüft werden. Es wurden folgende Lanthanide eingesetzt: Lu, Yb, Tm, Er, Dy, Ho, Tb, Eu, Nd, Pr und La. Für den Versuch wurde BSA mit den verschiedenen SCN-DOTA(Ln) umgesetzt und je 0,5 µg der derivatisierten Proben nach SDS-PAGE mittels LA-ICP-MS untersucht. Die Proben wurden nebeneinander aufgetragen und nacheinander vermessen. Die integrierten Intensitäten der verschiedenen Lanthanidisotope wurden auf 100 % Isotopenhäufigkeit normiert und sind als Balkendiagramm in Abbildung D-8 dargestellt. Berechnet man

D Ergebnisse und Diskussion

allerdings aus allen integrierten Intensitäten die relative Standardabweichung, so liegt diese bei 36 %. Dieser Wert liegt unterhalb der externen Reproduzierbarkeit III von 37 % aus Kapitel D.1.1.2. Die hier beobachteten Unterschiede müssen also überwiegend auf die schlechte Reproduzierbarkeit der Labelingmethode zurückgeführt werden. Als Ergebnis aus diesem Versuch kann jedoch festgehalten werden, dass mit sinkendem Ionenradius die Tendenz zu Komplexbildung zunimmt. Das Lanthan mit dem größten Ionenradius (122 pm) und der geringsten Komplexstabilität (Log K_{DOTA} = 22,9) zeigt die schwächste Intensität mit einer Peakfläche von $1,7 \cdot 10^8$ cps. Die höchsten Werte erreichen Dy ($6,6 \cdot 10^8$ cps) und Tb ($5,6 \cdot 10^8$ cps) gefolgt von Lu mit $5,4 \cdot 10^8$ cps, welches mit 103 pm den kleinsten Ionenradius aufweist. Die ausgewählten Lanthanide erzielten alle sehr gute integrierte Intensitäten in der Größenordnung von 10^8 cps. Die Werte unterscheiden sich maximal um einen Faktor drei, so dass alle Lanthanide für das Proteinlabeling mit SCN-DOTA(Ln) geeignet sind.

Hervorzuheben ist noch folgendes: Sollen in Multiplexing-Experimenten quantitative Fragestellungen beantwortet werden, benötigt man ein lanthanidmarkiertes Standardprotein, welches in allen Proben in der gleichen Konzentration vorliegt, um mögliche methodenspezifische Unterschiede in den Lanthanidintensitäten auszugleichen.

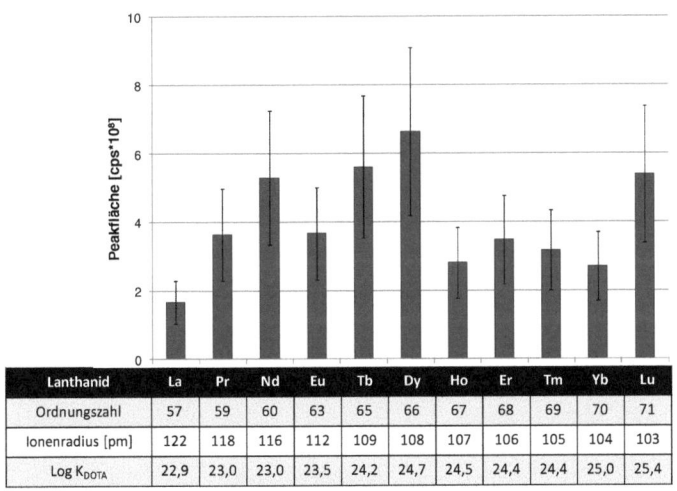

Lanthanid	La	Pr	Nd	Eu	Tb	Dy	Ho	Er	Tm	Yb	Lu
Ordnungszahl	57	59	60	63	65	66	67	68	69	70	71
Ionenradius [pm]	122	118	116	112	109	108	107	106	105	104	103
Log K_{DOTA}	22,9	23,0	23,0	23,5	24,2	24,7	24,5	24,4	24,4	25,0	25,4

Abbildung D-8: Gegenüberstellung der integrierten Peakflächen in Abhängigkeit des eingesetzten Lanthanids. BSA wurde mit jedem SCN-DOTA(Ln) umgesetzt, die derivatisierten Proben (0,5 µg) wurden mittels LA-ICP-MS untersucht und die integrierten Peakflächen auf 100 % Isotopenhäufigkeit normiert. Die Fehlerbalken entsprechen einer RSD von 37 %. Diese wurde aus der externen Reproduzierbarkeit III in Kapitel D.1.1.2 ermittelt. In der Tabelle sind die

D Ergebnisse und Diskussion

Ordnungszahlen der Elemente, die Ionenradien für Ln^{3+} bei einer Koordinationszahl von 9 sowie die Stabilitätskonstanten der DOTA-Komplexe (K_{DOTA}) (7) zusammengefasst.

D.1.1.8 ESI-MS Untersuchungen

Um diesen Abschnitt der Arbeit über die Optimierung des Labelingverfahrens zu vervollständigen, soll noch kurz auf die Ergebnisse einiger ESI-MS Untersuchungen am Beispiel Lysozym eingegangen werden, die in Referenz (3) detailliert beschrieben sind. Es wurde sowohl unmarkiertes Lysozym wie auch mit SCN-DOTA modifiziertes Lysozym (ohne Metallbeladung des Lanthanids) mit Hilfe der Serinprotease Trypsin (s. auch Kapitel B.4.4) in charakteristische Peptidfragmente gespalten.

Die Peptide wurden mittels nano-ESI-FTICR-MS vermessen und mit den erwarteten m/z-Werten verglichen. Es konnte keine Spaltung an Lysinresten nachgewiesen werden, die mit SCN-DOTA derivatisiert wurden. Die unmodifizierten Peptide konnten dagegen mit hoher Massengenauigkeit nachgewiesen werden. Die Messwerte sind in Anhang F.3 zusammengefasst. Die Abwesenheit von Peptiden, die durch Spaltung an den SCN-DOTA modifizierten Lysinresten entstehen würden, zeigt deutlich die Behinderung der Trypsinaktivität durch die Proteinderivatisierung. Aus dieser Beobachtung können folgende Konsequenzen gezogen werden: Die Aminosäure, an die die SCN-Gruppe bindet kann nicht über den enzymatischen Verdau identifiziert werden, wie es im Fall der Proteiniodierung möglich ist (s. Kapitel D.2.4). Des Weiteren können Protokolle aus der organischen MS für das Peptid Mass Fingerprinting nicht ohne weitere Anpassung verwendet werden. Soll ein Lanthanidlabel für die relative Quantifizierung in der ESI-MS eingesetzt werden könnte auf MeCAT-Reagenzien (8) zurückgegriffen werden. Diese binden unter teilweiser Denaturierung des Proteins an Cysteinreste. Eine andere Möglichkeit besteht darin, erst den tryptischen Verdau durchzuführen und im zweiten Schritt die Peptide direkt zu markieren. Dann würde man jedoch ein völlig anderes Labelingmuster erhalten, da mehr Lysingruppen in den Peptidenfragmenten für den bifunktionellen Liganden zugänglich sind als beim Labeling des intakten Proteins, welches in seiner tertiären Struktur vorliegt.

D.1.1.9 Erste Multiplexing-Versuche mit ausgewählten Proteinen

Im Vergleich zum Labeling mit einfachen Elementen wie Iod (9) oder Quecksilberreagenzien (10) hat SCN-DOTA den großen Vorteil, dass das Reagenz für die Entwicklung einer Multielement-Labelingstrategie genutzt werden kann, da Lanthanide aufgrund ihrer sehr ähnlichen chemischen Eigenschaften ein ähnliches Komplexierungsverhalten zeigen. In diesem Kapitel sollen die ersten Ergebnisse für ein

Multiplexing-Experiment vorgestellt werden. Dafür wurden Proteine mit unterschiedlichen strukturellen Eigenschaften ausgewählt, so dass sie einen breiten MW-Bereich abdecken und sich auch in der Anzahl der Lysinreste unterscheiden (s. Tabelle D-4). BSA wurde mit SCN-DOTA(Ho) derivatisiert, Ovalbumin mit SCN-DOTA(Tm), Lysozym wurde mit SCN-DOTA(Pr) markiert und Cytochrom C mit SCN-DOTA(Tb). Es wurde jeweils ein 40-facher Überschuss des Liganden eingesetzt, um eine Veränderung der Laufeigenschaften in der SDS-PAGE im Vergleich zum unmarkierten Protein gering zu halten. Anschließend wurden die markierten Proteine gemischt und mittels SDS-PAGE getrennt. Nach Übertragung auf eine Blotmembran erfolgte die Detektion der Lanthanide simultan mit LA-ICP-MS. Um möglichst hohe Intensitäten zu erreichen wurden monoisotopische Lanthanide gewählt.

Protein	Ln	MW$_{Protein}$ [kDa]	Anzahl Lysinreste	UniProt-Nr.
BSA	Ho	66,4	59	P02769
Ovalbumin	Tm	42,7	48	P19121
Lysozym	Pr	14,3	6	P00698
Cytochrom C	Tb	12,3	18	P62894

Tabelle D-4: Verwendete Proteine für den Multiplexing-Versuch. Jedes Protein wurde mit einem 40-fachen Überschuss SCN-DOTA(Ln) für 4 h bei 20 °C und pH = 9 umgesetzt. Die Lysinanzahl wurde aus der UniProt-Datenbank (www.pir.uniprot.org) entnommen.

Abbildung D-9 zeigt das Elektropherogramm der LA-ICP-MS-Messung. Es werden hohe Intensitäten und eine gutes Signal-zu-Untergrund-Verhältnis (S/N-Verhältnis) erreicht. Es ist also möglich mit der Laser Ablation vier Lanthanide simultan, ohne Verminderung der Messqualität, zu bestimmen. Zudem können die detektierten Peaks den Proteinen eindeutig zugeordnet werden. Bei ca. 23 mm tritt die Bande des SCN-DOTA(Ho)-BSA auf (Linie 1), dann folgt SCN-DOTA(Tm)-Ovalbumin mit einer Doppelbande (Linie 2). Diese typische Doppelbande tritt sowohl beim markierten wie auch beim unmarkierten Ovalbumin auf (vgl. Abbildung D-11, Spur A4 und B3). Der Peak in Linie 4 gehört zum SCN-DOTA(Tb)-Cytochrom C und die Peaks in Linie 3 können dem SCN-DOTA(Pr)-Lysozym zugeordnet werden. Die Intensitätsverteilung beim $^{141}Pr^+$ deutet darauf hin, dass die Lysozymmoleküle in dieser Probe unterschiedlich stark derivatisiert vorliegen und sich dies auf die Laufeigenschaften der Moleküle in der SDS-PAGE auswirkt. Moleküle mit einem höheren Labelinggrad wandern langsamer durch das Gel als die mit einem geringen Labelinggrad, weshalb hier dieses Peak-Quartett (Linie 3 in

D Ergebnisse und Diskussion

Abbildung D-9) zustande kommt. Die Shifts sind nicht mit einem Überspringen der Metallionen auf andere Proteine zu begründen, da die Verteilung auch im CBB gefärbten Kontrollgel in Abbildung D-11 zu beobachten ist, indem die markierten Proteine separat aufgetragen wurden. In dieser Abbildung ist in Spur B6 zudem unmarkiertes Lysozym aufgetragen, welches nur eine Bande aufweist. Dass Labelingverteilungen beim Lysozym auftreten können, belegen auch ESI-MS Untersuchungen am intakten Protein. In Referenz (3) konnte gezeigt werden, das Lysozym zwei- bis fünffach gelabelt auftreten kann, wobei die Mehrheit der Moleküle drei oder vier Label trägt. Eine detaillierte Analyse dieses Phänomens liefern Ahrends et al. (11). Die Gruppe konnte mit den MeCAT-Reagenzien ebenfalls solche Labelingverteilungen beobachten. Das Problem, dass unterschiedliche Labelinggrade innerhalb einer Proteinprobe auftreten können und diese zu mehreren Peaks in der Messung führen, erschwert die Analyse von Expressionsmustern markierter Proteine, da diese Shifts in unbekannten Proben auch als Banden anderer Proteine interpretiert werden könnten. Die Reaktionsbedingungen müssen so gewählt sein, dass ein gleichmäßiges Labeling der Proteine in der Probe gewährleistet wird. Dies ist in Abbildung D-10 gezeigt, wo ein einfacher Peak dem Lysozym zugeordnet werden kann.

Als Ergebnis aus diesem Multiplexing-Experiment ist hervorzuheben, dass auf Höhe der BSA-Bande keine Sekundärsignale der Lanthanide Pr, Tb oder Tm auftreten und somit ausgeschlossen werden kann, dass frei vorliegende Lanthanidionen direkt ans BSA binden, wie es mit der Labelingmethode aus der Diplomarbeit (2) der Fall war. Es treten auch keine Sekundärsignale auf Höhe der übrigen Proteinbanden auf. Zudem können auch keine Austauschreaktionen der Lanthanide untereinander beobachtet werden.

Abbildung D-10 zeigt die simultane LA-ICP-MS-Detektion zweier unterschiedlich markierter Proteingemische, die in derselben Spur mittels SDS-PAGE getrennt wurden. Das Gemisch A (Linie 2) wurde mit SCN-DOTA(Ho) markiert und besteht aus BSA, Ovalbumin und Lysozym während das Gemisch B (Linie 1) BSA, Ovalbumin und Cytochrom C enthält und mit SCN-DOTA(Tb) derivatisiert wurde. Von jedem Protein wurden 3,5 nmol zur Mischung gegeben, so dass insgesamt 10,5 nmol Protein mit einem 40-fachen Überschuss SCN-DOTA(Ln) markiert wurden. Die Banden, die BSA und Ovalbumin zugeordnet werden können, liegen sehr gut übereinander und stimmen auch in den Intensitäten gut überein. Zudem ist eine deutliche Unterscheidung von Lysozym (17 kDa) und Cytochrom C (13 kDa) möglich, da die Banden sich sowohl in ihrer Retention als auch in der Lanthanidintensität unterscheiden. Diese klare Unterscheidung ist im Kontrollgel, welches mit CBB behandelt wurde nicht möglich (s. Abbildung D-11, Spur B2), da hier alle Proteinbanden mit demselben Reagenz angefärbt werden und die Trennung

D Ergebnisse und Diskussion

im niedermolekularen Bereich nicht ausreicht um Proteine mit ähnlichen Molekulargewichten zu unterscheiden. Im Kontrollgel ist nur ein breiter Peak zu identifizieren, der den Proteinen Lysozym und Cytochrom C zugeordnet werden kann. Um die Proben mit CBB unterscheiden zu können, müssen sie in separaten Spuren getrennt werden. Dies erhöht jedoch die Fehler bei der Probenaufgabe, da mehrfach pipettiert werden muss. Zudem können Verzerrungen der Banden während der Elektrophorese auftreten, wenn die Kühlung unregelmäßig ist (Smile-Effekt, die Proteinbanden ziehen sich an den Rändern nach oben), so dass ein Vergleich zwischen den verschiedenen Spuren schwierig wird. Noch problematischer wird der Vergleich mehrerer Gele, da die Laufbedingungen während der Elektrophorese selten reproduzierbar sind. Ein Beispiel hierfür sind die Markerspuren in Abbildung D-11. Besonders im niedermolekularen Bereich variieren die Abstände zwischen den Markerbanden in Gel A und Gel B.

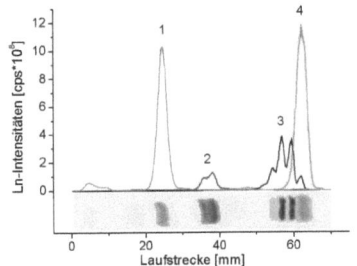

Abbildung D-9: Elektropherogramm der mit LA-ICP-MS simultan gemessenen Ln-Intensitäten (^{165}Ho$^+$, ^{169}Tm$^+$, ^{141}Pr$^+$, ^{159}Tb$^+$) einer Probenspur. Die Mischung besteht aus je 0,1 µg unterschiedlich markierter Proteine, die mittels SDS-PAGE in einer Spur getrennt wurden. 1: 1,5 pmol SCN-DOTA(Ho)-BSA; 2: 2,3 pmol SCN-DOTA(Tm)-Ovalbumin; 3: 7,0 pmol SCN-DOTA(Pr)-Lysozym; 4: 8,1 pmol SCN-DOTA(Tb)-Cytochrom C.

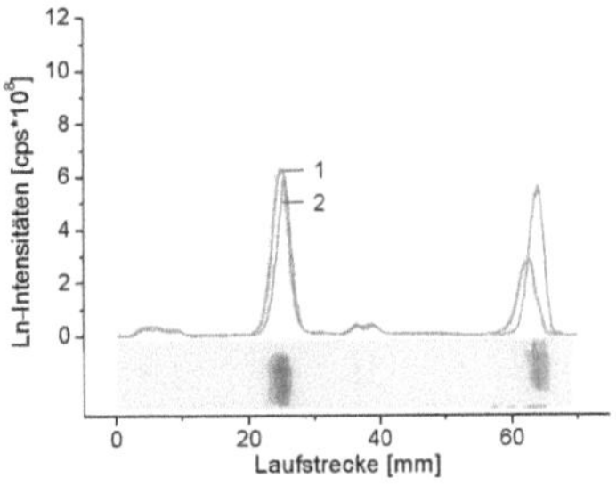

Abbildung D-10: Elektropherogramm der mit LA-ICP-MS simultan gemessenen Ln-Intensitäten (^{165}Ho$^+$, ^{159}Tb$^+$) einer Probenspur. Zwei Proteingemische wurden nach Derivatisierung zusammen gegeben und dann mittels SDS-PAGE getrennt. 1: 0,1 µg Gemisch B: BSA, Ovalbumin, Lysozym umgesetzt mit SCN-DOTA(Tb). 2: 0,1 µg Gemisch A: BSA, Ovalbumin, Cytochrom C umgesetzt mit SCN-DOTA(Ho);

Des Weiteren wird deutlich, dass der Labelinggrad eines Proteins von der tertiären Struktur und der Zugänglichkeit der Aminogruppen abhängt. Wie erwartet weist in der mit SCN-DOTA(Ho) derivatisierten Probe BSA mit 59 Lysinresten die höchste Peakfläche pro pmol Protein auf (1,05·10^9 cps/pmol). Dann aber folgt Cytochrom C mit einer Fläche von 1,90·10^8 cps/pmol mit 18 Lysinresten. Den geringsten Labelinggrad weist Ovalbumin auf,

D Ergebnisse und Diskussion

das nur einen Wert von 4,52·10⁷ cps/pmol erreicht, obwohl 48 Lysinreste theoretisch zur Markierung vorhanden sind. Zieht man das Verhältnis der Peakflächen von BSA aus beiden Gemischen (Ho/Tb = 1,05·10⁹/1,26·10⁹ = 0,84) zur Normierung heran, kann auch Lysozym in diese Reihe eingeordnet werden. Lysozym wird dann mit einer Fläche von 1,31·10⁸ cps/pmol·0,84 = 1,09·10⁸ cps/pmol ebenfalls vor Ovalbumin eingeordnet, obwohl hier mit nur sechs Lysinresten die geringste Anzahl Aminogruppen für die Derivatisierung zur Verfügung stehen. Es kann also gefolgert werden das einige Proteine (z.B. Lysozym, Cytochrom C), aufgrund ihrer Struktur und Zugänglichkeit der Lysinreste, bevorzugt mit der SCN-Gruppe reagieren im Vergleich zu anderen (hier: Ovalbumin). Es ist anzunehmen, dass diese Reaktionen an der Proteinoberfläche stattfinden.

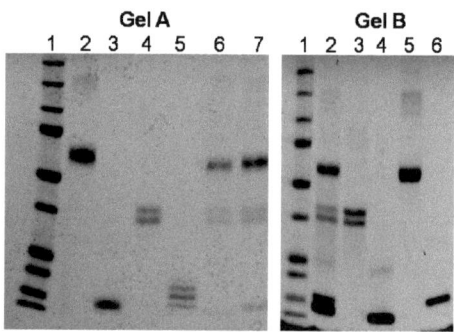

Abbildung D-11: CBB gefärbte Proteinbanden zweier Kontrollgele. **Gel A:** Spur 1: MW-Marker; Spur 2: SCN-DOTA(Ho)-BSA; Spur 3: SCN-DOTA(Tb)-Cytochrom C; Spur 4: SCN-DOTA(Tm)-Ovalbumin; Spur 5: SCN-DOTA(Pr)-Lysozym; Spur 6: BSA + Ovalbumin + Cytochrom C markiert mir SCN-DOTA(Ho); Spur 7: BSA + Ovalbumin + Lysozym markiert mit SCN-DOTA(Tb); **Gel B:** Spur 1: MW-Marker; Spur 2: unmarkierte Mischung aus BSA, Ovalbumin, Cytochrom C und Lysozym; Spur 3: unmarkiertes Ovalbumin; Spur 4: unmarkiertes Cytochrom C; Spur 5: unmarkiertes BSA; Spur 6: unmarkiertes Lysozym.

Abschließend soll nun geklärt werden warum in Abbildung D-9 eine Labelingverteilung beim SCN-DOTA(Pr)-Lysozym zu beobachten ist und in Abbildung D-10 SCN-DOTA(Tb)-Lysozym als einfacher Peak identifiziert wird. Während für Abbildung D-9 7 nmol reines Lysozym mit einem 40-fachen Überschuss SCN-DOTA(Pr) (=280 nmol) umgesetzt wurde, wurde in Abbildung D-10 Lysozym als Bestandteil in einem Proteingemisch derivatisiert. Hier wurden von jedem Protein 3,5 nmol zusammengegeben und diese Mischung (10,5 nmol Protein) wurde dann mit einem 40-fachen Überschuss

SCN-DOTA(Tb) (= 420 nmol) markiert. Die Reaktionsbedingungen der beiden Versuche variieren also etwas, so dass im Gemisch Lysozym gleichmäßig derivatisiert vorliegt.

D.1.1.10 Labeling eines Gesamtproteoms

Nachdem an Standardproteinen das Labeling mit SCN-DOTA(Ln) erprobt wurde, soll nun abschließend noch eine komplexe Proteinmischung markiert werden. Dazu wurden zwei verschiedene Proben Lebermikrosomen ausgewählt. Es handelt sich dabei, um eine unbehandelte Probe und eine, in der Versuchsratten 3-Methylcholantren (3MC) ausgesetzt wurden. Der Schadstoff 3MC wirkt kanzerogen und wird in einer Kooperation mit der Arbeitsgruppe Roos (IfADo) genutzt, um Enzyme aus der Familie der Cytochrome P450 (= CYP) zu induzieren, die als Biomarker in der Krebs-Früherkennung eingesetzt werden könnten. Wie schon erwähnt, ist CYP eine Gruppe von Hämproteinen, die an der Metabolisierung von Schadstoffen beteiligt sind und deshalb potenzielle Biomarker darstellen. Eine ausführliche Beschreibung der Zusammenhänge ist in Kapitel D.1.4.1 gegeben.

Abbildung D-12 zeigt sowohl das Elektropherogramm der LA-ICP-MS-Detektion wie auch die CBB-Färbung des Kontrollgels. In der Färbung sind viele Proteinbanden zu erkennen. Jedoch können diese Peaks viele hundert verschiedene Proteine in verschiedenen Konzentrationen enthalten und nur die häufigsten prägen die Peakintensität an einem bestimmten Punkt der Laufstrecke. Signale gering konzentrierter Proteine können durch starke Peaks von häufigen Proteinen mit ähnlichem MW überlagert werden; z.B. macht die Gruppe der CYP mit einem MW von ca. 50 kDa gerade mal 10 % der gesamten Proteinmenge in den Lebermikrosomen von mit 3MC behandelten Ratten aus und liegt damit nur gering konzentriert in der Probe vor. (12)

Dieser Versuch dient als Vorstudie für differentielle Expressionsstudien. Hier ist so noch keine Aussage über Unterschiede zwischen den Expressionsmustern der beiden Proteome möglich, da der Hauptanteil der Proteine im Peak mit der Retention von 34 mm liegt. Um die Probentrennung zu verbessern, könnte z.B. 2D-Elektrophorese eingesetzt werden. Diese beginnt mit einer IEF der Probe und im zweiten Schritt erfolgt die Trennung der Proteine nach dem MW. Dieses Verfahren beinhaltet jedoch eine aufwendige Optimierung in Abhängigkeit der Probeneigenschaften und wird deshalb in dieser Arbeit nicht weiter verfolgt. Des Weiteren fehlt noch ein probeninterner Standard, z.B. ein „Haushaltsprotein", welches in allen Proben der Studie in gleicher Konzentration vorliegt, um die möglichen Fehler und Verluste während der Durchführung (Proteinextraktion, Labeling, SDS-PAGE, Proteintransfer, Messung) auszugleichen. Eine andere Möglichkeit wäre auch eine gelabeltes gut charakterisiertes Protein, wie BSA, den Proben zuzufügen.

D Ergebnisse und Diskussion

Eine erste Anwendung von BSA als Standard wurde bereits an einem einfachen Beispiel in Kapitel D.1.1.9 gezeigt.

Zum Schluss sei noch angemerkt, dass für den Nachweis mit LA-ICP-MS, im Vergleich zu anderen Färbemethoden wie der CBB-Färbung, sehr geringe Probenmengen (hier: 0,3 µg) ausreichend sind.

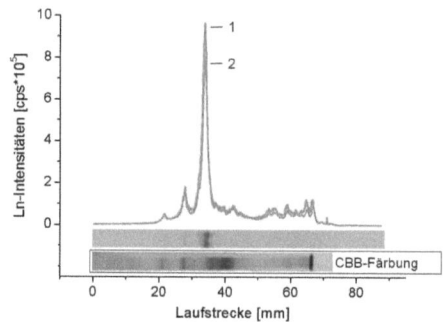

Abbildung D-12: Elektropherogramm aus der Summe der jeweiligen Lanthanidintensitäten gemessen mit LA-ICP-MS. Zwei Mikrosomenproben wurden nach Derivatisierung gemischt und dann mittels SDS-PAGE in derselben Spur getrennt. Von jeder Probe wurden 0,3 µg aufgegeben. Für das Kontrollgel mit den CBB gefärbten Banden (unten) wurden 60 µg Probe eingesetzt. 1: mit 3MC behandelte Probe mit 40-fachen Überschuss SCN-DOTA(Tb) markiert, 2: unbehandelte Probe mit 40-fachen Überschuss SCN-DOTA(Ho) markiert.

D.1.2 Fazit

In diesem Kapitel wurde die Derivatisierung von Proteinen mit dem kommerziell erhältlichen bifunktionellen Liganden SCN-DOTA und Lanthanidionen gezeigt und für die Detektion mit LA-ICP-MS optimiert. Das Labeling besteht aus zwei Teilschritten: Erstens die Bildung des Chelatkomplexes und zweitens die Umsetzung des lanthanidbeladenen bifunktionellen Liganden mit einem Protein (Kapitel D.1.1.1). Die markierten Proben wurden mittels SDS-PAGE getrennt und auf eine NC-Membran überführt, um sie dann mit LA-ICP-MS zu detektieren.

Der Nachteil der Derivatisierung mit SCN-DOTA(Ln) liegt in der Veränderung der Eigenschaften der markierten Proteinmoleküle. Mit Zunahme des Labelinggrades erhöht sich zwar auch die Lanthanidintensität in der ICP-MS, jedoch nimmt auch das MW zu, was zu einer Verkürzung der Laufstrecke in der SDS-PAGE führt. Gleichzeitig liegen weniger freie Lysinreste vor, die ansonsten protoniert werden können, so dass sich der pI des Proteins in der IEF in den sauren pH-Wert-Bereich verschiebt. Sollen mit SCN-DOTA(Ln) derivatisierte Proben also mittels IEF, SDS-PAGE oder in Kombination (2D-Elektrophorese) getrennt werden, muss bei hohen Labelinggraden mit einer Verschiebung des pI und des MW gerechnet werden. Dies erschwert besonders eine Identifizierung von Proteinen über die Position im Gel, die auf diesen Eigenschaften beruht. Die Veränderung der elektrophoretischen Eigenschaften von Proteinmolekülen nach der Derivatisierung, wurde auch bei anderen bifunktionellen Liganden wie den MeCAT-Reagenzien beobachtet (11). (Kapitel D.1.1.3)

Das Labeling mit SCN-DOTA(Ln) ist dennoch vielversprechend, da der Einsatz verschiedener Lanthanide Multiplexing-Experimente ermöglicht. Es konnte in verschiedenen Versuchen gezeigt werden, dass eine simultane Detektion mehrerer Lanthanide auf einer Blotmembran mit LA-ICP-MS möglich ist und Proteinbanden identifiziert werden können. Es treten keine unspezifischen Sekundärsignale auf, da ein Metallaustausch (Kapitel D.1.1.6) oder eine direkte Bindung freier Lanthanidionen an Proteine (Kapitel D.1.1.9) ausgeschlossen werden konnte. Zudem sind die Nachweisgrenzen des Verfahrens vergleichbar oder besser im Vergleich mit konventionellen Färbemethoden für Proteinbanden in Elektrophoresegelen, wie CBB, DIGE oder Silberfärbung. (Kapitel D.1.1.5)

In Kapitel D.1.1.10 wurde gezeigt, dass mit SCN-DOTA(Ln) auch komplexe Proteomproben derivatisiert werden können. Es wurden zwei verschiedene Mikrosomenproben mit unterschiedlichen Lanthaniden markiert, in derselben Probenspur mittels SDS-PAGE getrennt, geblottet und simultan mit LA-ICP-MS detektiert. In Zukunft könnte das Proteinlabeling mit SCN-DOTA(Ln) also für Expressionsstudien genutzt werden, wenn das Verfahren für 2D-Trennungen optimiert wird. Allerdings ist für einen quantitativen Vergleich unterschiedlich markierter Proben eine Normierung nötig, weshalb zukünftig ein in sich geschlossenes Quantifizierungskonzept entwickelt werden soll, bei dem ein Standard (z.B. ein lanthanidmarkiertes Protein mit bekanntem Labelinggrad) etabliert wird, der die gesamte Probenvorbereitung durchläuft, so dass z.B. auch eventuelle Probenverluste während des Blottingprozesses bei der Quantifizierung berücksichtigt werden könnten.

Besonders für Immunoassays bietet das Multiplexing die Möglichkeit Fehler bei der Probenaufgabe, den Reagenz- und Probenverbrauch wie auch die Arbeitszeit für einen Assay zu reduzieren. Deshalb sollen die in diesem Kapitel gesammelten Erfahrungen genutzt werden, um das Reagenz SCN-DOTA(Ln) für die Markierung von Antikörpern zu nutzen. Mit Hilfe von Immunoassays wie dem Westernblot wäre dann eine simultane Identifizierung ausgewählter Proteine möglich ohne ihre Eigenschaften zu verändern.

Außerdem könnte auf eine aufwendige 2D-Trennung der Proben verzichtet werden, da Antikörper das zugehörige Antigen auch in komplexen Proben finden.

D.1.3 Derivatisierung von Antikörpern und deren Anwendung in Multiplexing-Westernblots

In diesem Teil der Arbeit wird die Derivatisierung von Antikörpern mit SCN-DOTA(Ln) und deren Anwendung in Multiplexing-Westernblots optimiert. Ziel ist es, eine möglichst hohe Intensität für die ICP-MS-Detektion zu erreichen und deshalb sollte ein hoher Labelinggrad erzielt werden. In Kapitel D.1.1.3 wurde festgestellt, dass ein hoher Ligandenüberschuss zu einem hohen Labelinggrad führt. Jedoch führte eine zu hohe Anzahl gebundener Label am Protein auch zu veränderten Eigenschaften des Proteins (erhöhtes MW, niedriger pI), welche die Identifizierung des Proteins über die Position im Gel erschweren können. Werden dagegen markierte Antikörper zur Identifizierung und Quantifizierung eines Proteins eingesetzt, muss die Proteinmischung nicht mit SCN-DOTA(Ln) umgesetzt werden und ein erhöhtes MW des Antikörpers durch die Derivatisierung spielt zunächst keine Rolle für die Proteindetektion. Andererseits dürfen die spezifischen Bindungseigenschaften des Antikörpers nicht durch das Label beeinflusst werden. Ebenso müssen Kreuzreaktionen zwischen den Antikörpern in Multiplexing-Experimenten vermieden werden. Weiter sollten die markierten Antikörper eine ausreichende Stabilität für den Einsatz in Langzeitstudien zeigen.

D.1.3.1 Ausgewählte Antikörper

In den folgenden Versuchen wurden die polyklonalen Antikörper Anti-BSA, Anti-Lysozym und Anti-Casein verwendet. Das jeweilige MW wurde durch Trennung der leichten und der schweren Kette mittels SDS-PAGE und anschließender CBB-Färbung bestimmt. Ein MW-Marker wurde zur Kalibration eingesetzt. Über die Bestimmung des MW für die leichte und die schwere Kette, konnte das Gesamtmolekulargewicht der Antikörper ermittelt werden: Anti-BSA, 193 kDa, Anti-Lysozym, 141 kDa und Anti-Casein, 152 kDa.

D.1.3.2 Optimierung der Antikörperderivatisierung

Bei der Derivatisierung von Proteinen führte ein hoher Überschuss SCN-DOTA(Ln) zu hohen Intensitäten in der ICP-MS-Detektion, deshalb wurde der Ligand auch bei der Markierung des Antikörpers im Überschuss eingesetzt. Gleichzeitig darf aber die spezifische Bindung zwischen Antikörper und Antigen nicht beeinträchtigt werden.

Im folgenden Experiment wurden Anti-Lysozym und Lysozym als Modellsystem verwendet. Der Antikörper wurde mit unterschiedlichen Mengen SCN-DOTA(Eu) umgesetzt. Es wurden Stoffmengenverhältnisse von 1:40 bis 1:200 (= $n_{Antikörper}$:$n_{SCN-DOTA(Eu)}$) getestet. Nach dem Labeling wurde der Antikörper denaturiert und mittels SDS-PAGE in schwere und leichte Ketten getrennt. Die Banden wurden auf eine Membran überführt und mittels LA-ICP-MS gemessen. Abbildung D-13 zeigt die Verteilung der $^{153}Eu^+$-Intensitäten auf der Membran. Drei verschiedene Banden bei 38, 25, 18 mm können identifiziert werden. Diese entsprechen 23,5 kDa, 47 kDa, 70,5 kDa und können der leichten Kette, der schweren Kette sowie einer Kombination aus beiden (eine leichte und eine schwere Kette) zugeordnet werden. Die Aufspaltung in leichte und schwere Kette ist durch die denaturierenden Bedingungen der SDS-PAGE zu erwarten gewesen, die Kombination jedoch zeigt, dass sich aus den freien Thiolgruppen nach der Reduktion erneut Disulfidbrücken bilden. Dies wäre durch Alkylierung z.B. durch Anwendung von Iodacetamid zu verhindern gewesen. Die Abbildung zeigt, dass beide Ketten des Antikörpers gleichermaßen derivatisiert worden sind. Wider Erwarten zeigt nicht der höchste Überschuss in Spur eins die höchste Intensität, sondern das Stoffmengenverhältnis von 1:100 in Spur vier.

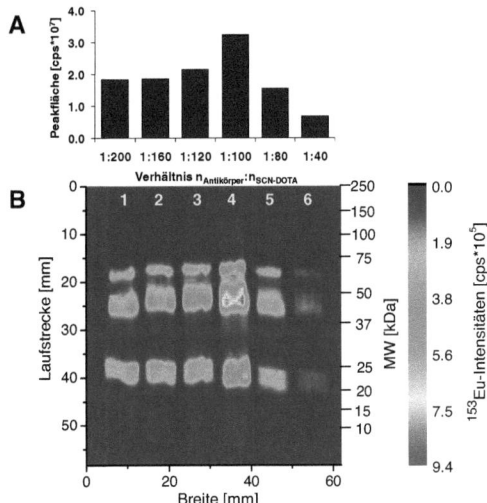

Abbildung D-13: Anti-Lysozym wurde mit verschiedenen Überschüssen SCN-DOTA(Eu) umgesetzt, mittels SDS-PAGE getrennt und auf eine Membran geblottet. Dargestellt ist die Verteilung der $^{153}Eu^+$-Intensitäten im LA-ICP-Massenspektrum (**B**) und die integrierten Intensitäten aller Spots einer Spur (**A**). Es wurde 1 μg (7,4 pmol) Antikörper pro Probentasche eingesetzt.

D Ergebnisse und Diskussion

$n_{Antikörper}:n_{SCN-DOTA(Eu)}$	n_{konj}
1:40	0,3
1:80	0,5
1:100	1,6
1:120	0,9
1:160	1,8
1:200	1,8

Tabelle D-5: Labelinggrad $n_{konj} = n_{Eu}/n_{Antikörper}$ für Anti-Lysozym; $n_{Antikörper}$ wird mittels Bradford-Assay bestimmt, n_{Eu} mittels ICP-MS in Lösung.

Im nächsten Experiment wurde der Labelinggrad $n_{konj} = n_{Eu}/n_{Antikörper}$ bestimmt. Dieser entspricht der Anzahl an Labeln pro Molekül Anti-Lysozym nach Reinigung und Detektion mittels ICP-MS in Lösung. Die Antikörperkonzentration wurde mittels Bradford-Assay bestimmt. Die Ergebnisse sind in Tabelle D-5 dargestellt. Der Labelinggrad steigt langsam von 0,3 auf 1,8, mit einem Ausreißer beim 120-fachen Überschuss. Die Sättigung ist etwa bei einem Stoffmengenverhältnis von 1:100 erreicht. Dies unterstützt das Ergebnis aus dem ersten Versuch in Abbildung D-13. Da der Labelinggrad in allen Fällen gering ausfällt, sind die Wanderungseigenschaften der Antikörperketten im Elektrophoresegel kaum beeinträchtigt. Zum Vergleich: Im Falle der Derivatisierung von BSA in Kapitel D.1.1.1 reichte bereits ein 100-facher Ligandenüberschuss aus, um eine Labelinggrad von 4,8 zu erhalten. Das Ergebnis ist wieder ein Beleg dafür, dass die Rate der Proteinkonjugation stark von den strukturellen Eigenschaften der Biomoleküle abhängt.

D.1.3.3 Optimierung des Westernblot-Assays

Die europiummarkierten Antikörper aus D.1.3.2 wurden verwendet, um das Antigen Lysozym in einem Westernblot nachzuweisen. Auf diese Weise sollte getestet werden, ob das Labeling einen Einfluss auf die Bindungseigenschaften des Antikörpers hat. In sechs Geltaschen wurden je 1 µg (70 pmol) Lysozym aufgegeben. Nach der Elektrophorese und Semi-Dry-Blotting wurden die Probenspuren ausgeschnitten und für 2 h mit SCN-DOTA(Eu)-Anti-Lysozym inkubiert. Die Lösungen enthielten je 22 pmol Antikörper (10 ml PBS-T; $c_{Antikörper}$ = 1 µg/ml), so dass ungesättigte Bedingungen vorlagen (d.h. theoretisch stand jedem Molekül Antikörper mindestens ein freies Antigen als Bindungspartner zur Verfügung). Die integrierten Intensitäten der einzelnen Spots sind in Tabelle D-6 aufgeführt. Auch in diesem Versuch ergibt die Umsetzung mit dem Stoffmengenverhältnis 1:100 die höchste Intensität. Aber auch die höheren Überschüsse beeinflussen die Bindungskapazität nicht merklich, da ja wie in Abschnitt D.1.3.2 beschrieben der

Labelinggrad niedrig bleibt. In allen weiteren Experimenten wird für das Labeling nun ein 100-facher Überschuss an SCN-DOTA(Ln) eingesetzt.

$n_{Antikörper} : n_{SCN-DOTA(Eu)}$	Peakfläche [cps]
1:40	$0,6 \cdot 10^6$
1:80	$1,68 \cdot 10^6$
1:100	$3,47 \cdot 10^6$
1:120	$2,45 \cdot 10^6$
1:160	$1,51 \cdot 10^6$
1:200	$2,51 \cdot 10^6$

Tabelle D-6: Integrierte Peakflächen der detektierten $^{153}Eu^+$-Intensitäten. SCN-DOTA(Eu)-Anti-Lysozym wurde im Westernblot eingesetzt und die Membran mittels LA-ICP-MS vermessen.

D.1.3.4 Reproduzierbarkeit des Westernblots

Als Testantikörper wurde mit SCN-DOTA(Tm) markiertes Anti-Lysozym verwendet. Um die interne Reproduzierbarkeit des Westernblots zu ermitteln wurde der IMW-Marker (enthält u.a. Lysozym) mit derselben Verdünnung in mehreren Taschen aufgegeben und elektrophoretisch getrennt. Nach dem Blotten wurde die Membran in Streifen geschnitten und die Proben mit je 10 ml Antikörperlösung inkubiert ($c_{Antikörper}$ = 1 µg/ml). Die integrierten $^{169}Tm^+$-Intensitäten aus drei Westernblots nach Detektion mit LA-ICP-MS betragen $3,09 \cdot 10^6$ cps, $4,54 \cdot 10^6$ cps und $4,08 \cdot 10^6$ cps. Daraus errechnet sich ein Mittelwert von $3,91 \cdot 10^6$ cps mit einer Standardabweichung von $6,07 \cdot 10^5$. Die RSD beträgt ca. 15 %. Dieser Wert liegt um einen Faktor zwei höher als die RSD, die in Kapitel D.1.1.2 für die dreimalige Probenaufgabe eines direkt markierten Proteins bestimmt wurde (interne Reproduzierbarkeit I: 7 %). Der Unterschied in der Standardabweichung ist auf den aufwendigen Immunoassay zurückzuführen, da hier zusätzlich die Reaktion zwischen Antikörper und Antigen sowie einige Waschschritte nötig sind, um das Protein mittels LA-ICP-MS nachweisen zu können.

D.1.3.5 Stabilität der markierten Antikörper

In Kapitel D.1.1.6 wurde bereits gezeigt, dass der Chelatkomplex ausreichend stabil ist. Nun soll in einem Versuch geprüft werden ob das Label einen langfristigen Einfluss auf die Reaktivität des Antikörpers haben kann. Dazu wurde eine Probe SCN-DOTA(Eu)-Anti-Lysozym zwei Monate bei 4 – 8°C (vom Antikörper-Hersteller empfohlene Lagertemperatur) in Tris-Puffer (pH = 7,5) gelagert und die Reaktivität im Westernblot mit einem frisch gelabelten Antikörper verglichen. Eine einfache Proteinmischung (BSA, Ovalbumin, Myoglobin, Cytochrom C und Lysozym) wurde mittels SDS-PAGE getrennt

D Ergebnisse und Diskussion

und nach dem Blotten wurden die Membranstreifen (je 1 µg Protein) mit den Antikörperlösungen (10 ml; $c_{Antikörper}$ = 1 µg/ml) inkubiert. Die integrierten Intensitäten betragen $3,2 \cdot 10^6$ cps für den frischen Antikörper und $2,9 \cdot 10^6$ cps für den gelagerten Antikörper. Es konnte also kein signifikanter Verlust an Intensität für die LA-ICP-MS-Messung aufgrund einer Degradation des Labels oder des Antikörpers verursacht durch lange Lagerzeiten festgestellt werden. Ebenso wurde kein erhöhter Untergrund oder unspezifische Sekundärsignale, die den anderen Proteinen zugeordnet werden könnten, festgestellt werden.

D.1.3.6 Vergleich von LA-ICP-MS und Chemilumineszenz-Detektion

Im folgenden Experiment wurde Anti-Lysozym und das Antigen Lysozym als Modellsystem verwendet. Unmarkierter Lysozym-Antikörper und Peroxidase konjugiertes Anti-IgG dienten zur Detektion mittels Chemilumineszenz (Details zum Verfahren, s. Kapitel C.7). Für die Detektion mit LA-ICP-MS wurde thuliummarkiertes Anti-Lysozym eingesetzt. In beiden Fällen wurden 1 µg/ml anti-Lysozym in 10 ml PBS-T eingesetzt und die Membran 2 h mit der Antikörperlösung inkubiert. Im Falle der Chemilumineszenz wurde die Membran in einem weiteren Schritt mit einem peroxidasekonjugiertem Zweitantikörper inkubiert. Die Ergebnisse der beiden Verfahren sind in Abbildung D-14 gezeigt. Lysozym wurde in verschiedenen Konzentrationen von 1 µg (71 pmol) bis 0,01 µg (0,7 pmol) aufgetragen. Der letzte Verdünnungspunkt konnte mit beiden Methoden nicht mehr nachgewiesen werden.

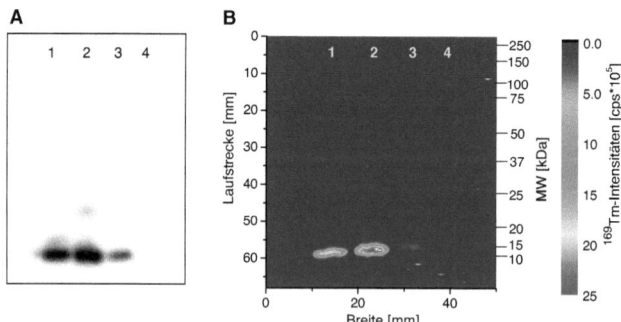

Abbildung D-14: A: Chemilumineszenz-Detektion nach Westernblot mit Anti-Lysozym als Primärantikörper und Peroxidase konjugiertes Anti-IgG als Sekundärantikörper; **B:** ^{169}Tm$^+$-Intensitätsverteilung gemessen mit LA-ICP-MS nach Westernblot mit thuliummarkierten Anti-Lysozym. Spur 1: IMW-Marker (enthält u.a. Lysozym), Spur 2: 1 µg Lysozym, Spur 3: 0,1 µg Lysozym, Spur 4: 0,01 µg Lysozym.

Dies zeigt, dass die Detektion mit LA-ICP-MS zwar eine vergleichbare Sensitivität aufweist, wie die konventionelle Detektion mit Chemilumineszenz, aber der Vorteil der LA-ICP-MS ergibt sich daraus, dass kein Sekundärantikörper eingesetzt werden muss. Dies führt nicht nur zu einer erheblichen Zeitersparnis und Kostenersparnis bei der Durchführung des Assays, sondern hat auch weitere Vorteile, die hier kurz genannt werden sollen. So ist die Elementsignatur nach dem Westernblot langzeitstabil und dies ermöglicht Transport und Lagerung der Membranen. Hier besticht besonders der Transportfaktor, denn medizinische Proben aus internationalen Kooperationen dürfen häufig nicht ohne besondere Genehmigung über Grenzen hinaus transportiert werden, während von Blotmembranen kein Risiko ausgeht. Natürlich ist die ICP-MS in der Anschaffung und im Unterhalt kostenintensiver als klassische Methoden, aber sie eröffnet neue Anwendungen immer dann, wenn viele Parameter in Multiplexing-Experimenten gleichzeitig gemessen werden sollen. Dies ist beispielsweise durch die simultane Detektion vieler mit unterschiedlichen Elementen markierter Antikörper möglich, wie dies später gezeigt werden soll (s. Kapitel D.1.3.8). Ein weiteres Beispiel für den Vergleich von LA-ICP-MS- und Chemilumineszenz-Detektion von Westernblots ist in Kapitel D.2.7 gegeben, dort werden auch die unterschiedlichen Labelingmethoden, die in dieser Arbeit entwickelt wurden, verglichen.

D.1.3.7 Nachweisgrenzen mit LA-ICP-MS

Um eine Aussage über die Nachweisgrenzen für die LA-ICP-MS Messung von geblotteten Proteinen zu treffen, wurde eine Westernblot mit europiummarkierten BSA als Antigen und SCN-DOTA(Ho)-Anti-BSA durchgeführt (s. auch Kapitel D.1.1.5). Es wurde ein derivatisiertes Antigen gewählt, um nachzuweisen, dass auch geringe Stoffmengen auf die Membran übertragen werden, obwohl diese eventuell nicht mehr durch den Antikörper nachgewiesen werden. Für die Bestimmung der Nachweisgrenzen wurde eine Verdünnungsreihe von 0,5 µg (7,5 pmol) bis 0,0075 µg (0,11 pmol) SCN-DOTA(Eu)-BSA (100-facher Ligandenüberschuss) aufgetragen. Die Membran wurde für 2 h mit 10 ml Antikörperlösung inkubiert ($c_{Antikörper}$ = 1 µg/ml), welche insgesamt 52 pmol SCN-DOTA(Ho)-Anti-BSA enthält. Dies entspricht einem ca. dreifachen Überschuss Antikörper zur eingesetzten Gesamtstoffmenge Antigen. Die Intensitäten beider Lanthanide wurden integriert und verglichen (s. Abbildung D-7). Das direkt markierte BSA zeigt mit 0,004 pmol eine geringere berechnete Nachweisgrenze als der Westernblot (0,040 pmol). Zudem zeigt die Auswertung einen sehr guten linearen Zusammenhang zwischen den Stoffmengen des Proteins und den integrierten Peakflächen (Geradengleichung $^{153}Eu^+$: y = 996790 x − 77544, R^2 = 0.9744; Geradengleichung $^{165}Ho^+$: y = 235033 x − 62371, R^2 =

0.9157). Hier ist zu erkennen, dass die Steigung der beiden Geraden unterschiedlich ist. Die Peakflächen nehmen für das direkt gemessene BSA stärker zu als im Westernblot. In beiden Fällen ist der Untergrund sehr niedrig (SCN-DOTA(Eu)-BSA: 5,66·10^3 cps; SCN-DOTA(Ho)-Anti-BSA: 1,54·10^3 cps). Die realen Nachweisgrenzen sind in erster Linie vom Antikörper-Antigen-System und von den Bedingungen im Assay abhängig. Die direkte Proteinnachweisgrenze der LA-ICP-MS ist noch nicht erreicht, da das ^{153}Eu$^+$ mit 52,2 % Isotopenhäufigkeit in 0.11 pmol BSA deutlich messbar ist. Der indirekte Nachweis über den Antikörper kann aber schon 0,15 pmol BSA nicht mehr detektieren.

D.1.3.8 Simultane Detektion eines Multiplexing-Westernblots mit LA-ICP-MS

Für den Multiplexing-Westernblot wurden drei polyklonale Antikörper mit verschiedenen Lanthaniden markiert: Anti-Lysozym mit SCN-DOTA(Tm), Anti-BSA mit SCN-DOTA(Ho) und Anti-Casein mit SCN-DOTA(Tb). Es wurden monoisotopische Lanthanide ausgewählt, um die höchstmögliche Sensitivität zu erreichen. Da Casein auch im Milchpulver der Blockierlösung zu finden ist, wurde für diesen Assay Gelatine-Lösung zum Absättigen der unspezifischen Bindungsstellen eingesetzt. Die Membran wurde gleichzeitig mit allen drei markierten Antikörpern inkubiert. Die Antikörperkonzentration betrug je 1 µg/ml in PBS-T (dies entspricht 66 pmol Anti-casein, 71 pmol Anti-Lysozym und 52 pmol Anti-BSA in 10 ml PBS-T). Auf der Membran befand sich eine Mischung aus BSA, Lysozym und β-Casein sowie ein Größenmarker als Testprobe, da er neben anderen Proteinen auch Lysozym und BSA enthält. Der genaue Probenauftrag ist in der Bildunterschrift von Abbildung D-15 erläutert.

Abbildung D-15B zeigt die farbkodierte Intensitätsverteilung der drei Lanthanide, die mittels LA-ICP-MS simultan gemessen wurden. Die aufgetragenen Antigene können sehr gut durch ihre Bindung zum Antikörper identifiziert werden. In der Markerspur treten nur Banden auf, die Lysozym bzw. BSA zugeordnet werden können. Es sind keine unspezifischen Signale der anderen Proteine zu beobachten. Auch die geringsten Antigenmengen (0,7 pmol BSA) in Spur eins sind in diesem Assay noch nachweisbar. Im Gegensatz zum anti-BSA und anti-Lysozym, identifiziert der Casein-Antikörper mehrere Proteinbanden auf der Membran. Diese resultieren laut Hersteller des β-Casein daraus, dass sich neben der Hauptkomponente β-Casein noch weitere gering konzentrierte Casein-Modifikationen in der Probe befinden, welche mit CBB-Färbung nicht mehr nachzuweisen sind und der Antikörper gegen alle Modifikationen gerichtet ist.

D Ergebnisse und Diskussion

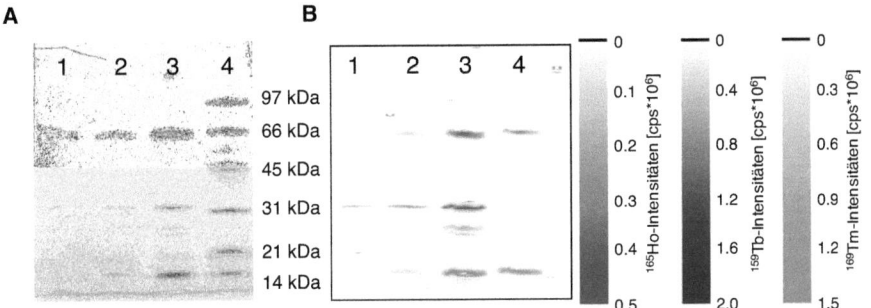

Abbildung D-15: Elektrophoresegel nach CBB-Färbung der Proteinbanden (**A**) und LA-ICP-Massenspektrum des Westernblots mit SCN-DOTA(Ho)-Anti-BSA, SCN-DOTA(Tb)-Anti-Casein und SCN-DOTA(Tm)-Anti-Lysozym (**B**). Die folgenden Antigen-Mischungen wurden aufgetragen: Spur 1: 0,7 pmol BSA + 2,0 pmol β-Casein + 3,5 pmol Lysozym, Spur 2: 1,5 pmol BSA + 4,0 pmol β-Casein + 7,0 pmol Lysozym, Spur 3: 7,5 pmol BSA + 20 pmol β-Casein + 35 pmol Lysozym, Spur 4: IMW-Marker (enthält Phosphorylase b, BSA, Ovalbumin, Carboanhydrase, Trypsin Inhibitor, Lysozym).

Tabelle D-7 fasst die integrierten Peakflächen des Multiplexing-Westernblots zusammen. Es ist zu erwarten, dass die Peakfläche mit steigender Stoffmenge Antigen ansteigt. So zeigen die Banden, die dem Antigen BSA zugeordnet werden können, die geringsten Intensitäten in den Spuren eins bis drei im Vergleich zu den anderen Antigenen, da BSA immer mit der kleinsten Stoffmenge aufgetragen worden ist. Außerdem ist zu erkennen, dass z.B. 4,0 pmol Casein ($3{,}59 \cdot 10^6$) eine höhere Intensität erreichen als 3,5 pmol Lysozym ($8{,}50 \cdot 10^5$) und 7,5 pmol BSA ($3{,}76 \cdot 10^6$) wiederum einen größeren Wert erreicht als 4,0 pmol Casein. Dagegen ist in Spur eins und zwei zu beobachten, dass die Caseinbanden höhere Werte aufweisen als die Lysozymbanden, obwohl höhere Stoffmengen an Lysozym eingesetzt worden sind.

D Ergebnisse und Diskussion

Peakfläche [cps]	SCN-DOTA(Ho)-Anti-BSA		SCN-DOTA(Tb)-Anti-Casein		SCN-DOTA(Tm)-Anti-Lysozym
Spur 1	$1{,}91 \cdot 10^5$ (0,7 pmol BSA)	<	$1{,}98 \cdot 10^6$ (2,0 pmol β-Casein)	>	$8{,}50 \cdot 10^5$ (3,5 pmol Lysozym)
Spur 2	$5{,}57 \cdot 10^5$ (1,5 pmol BSA)	<	$3{,}59 \cdot 10^6$ (4,0 pmol β-Casein)	>	$2{,}19 \cdot 10^6$ (7,0 pmol Lysozym)
Spur 3	$3{,}76 \cdot 10^6$ (7,5 pmol BSA)	<	$1{,}26 \cdot 10^7$ (20 pmol β-Casein)	<	$1{,}55 \cdot 10^7$ (35 pmol Lysozym)
Spur 4	$1{,}59 \cdot 10^6$		-		$1{,}05 \cdot 10^7$

Tabelle D-7: Integrierte Peakflächen des Multiplexing-Westernblots (Abbildung D-15B) nach Detektion mit LA-ICP-MS. In Klammern ist die aufgetragene Antigenstoffmenge angegeben.

Um zu prüfen, ob diese Beobachtungen durch Kreuzreaktionen der Antikörper verursacht werden, wurde ein zweites Experiment durchgeführt bei dem jeder Antikörper mit einem anderen Lanthanid markiert wurde: Anti-Lysozym mit SCN-DOTA(Ho), Anti-BSA mit SCN-DOTA(Tb) und Anti-Casein mit SCN-DOTA(Tm). Die Membran wurde analog zu Abbildung D-15 präpariert. In Abbildung D-16 sind die Elektropherogramme der einzelnen Spuren aus beiden Westernblots gegenübergestellt. Die Verteilung bzw. die Tendenzen der Lanthanidintensitäten stimmen in beiden Versuchen überein. In Spur eins und zwei beider Westernblots ist das Casein-Signal höher als das des Lysozyms. Dagegen zeigt sich in Spur drei die erwartete Intensitätsverteilung in Abhängigkeit der aufgetragenen Stoffmenge. So kann ausgeschlossen werden, dass die erhöhten Caseinsignale auf einen höheren Labelinggrad des Anti-Caseins im Vergleich zum Anti-Lysozym zurückzuführen sind. Dagegen kann angenommen werden, dass der Casein-Antikörper niedrige Konzentrationen des Antigens besser lokalisiert als Anti-Lysozym und häufiger an sein Antigen bindet. Zudem zeigt Abbildung D-16 für jedes Antigen nur ein spezifisches Lanthanidsignal. Es treten nicht mehrere Peaks unterschiedlicher Lanthanide mit derselben Retentionszeit in einer Spur auf. Es kann also gefolgert werden, dass weder ein Metallaustausch noch eine Kreuzreaktion zwischen den Antikörpern auftritt, welche die Ergebnisse verfälschen könnten. Die SCN-DOTA(Ln) markierten Antikörper können also ohne Bedenken in Multiplexing-Westernblots eingesetzt werden.

D Ergebnisse und Diskussion

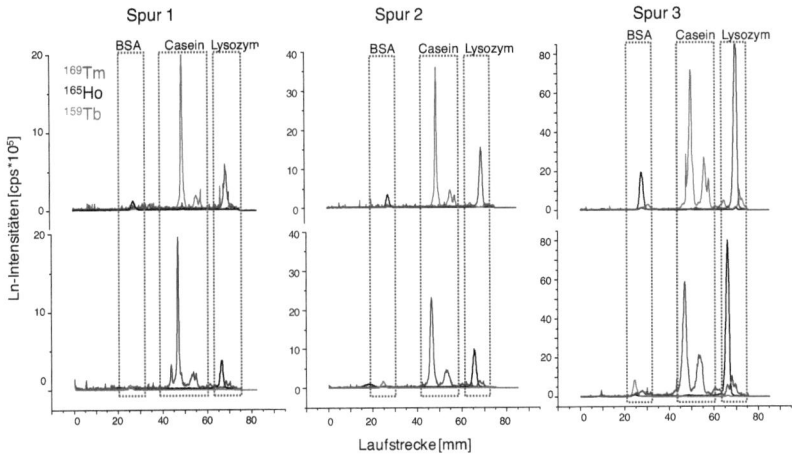

Abbildung D-16: Gegenüberstellung der Elektropherogramme der Probenspuren aus zwei Westernblots (Spike korrigiert). **Oben:** Westernblot mit SCN-DOTA(Ho)-Anti-BSA, SCN-DOTA(Tb)-Anti-Casein und SCN-DOTA(Tm)-Anti-Lysozym. **Unten:** Westernblot mit SCN-DOTA(Tb)-Anti-BSA, SCN-DOTA(Tm)-Anti-Casein und SCN-DOTA(Ho)-Anti-Lysozym. Spur 1: 0,7 pmol BSA + 2,0 pmol β-Casein + 3,5 pmol Lysozym, Spur 2: 1,5 pmol BSA + 4,0 pmol β-Casein + 7,0 pmol Lysozym, Spur 3: 7,5 pmol BSA + 20 pmol β-Casein + 35 pmol Lysozym.

D.1.3.9 Quantifizierung von Antigenen in Westernblot-Assays mit LA-ICP-MS

In Tabelle D-7 sind die integrierten Peakflächen der einzelnen Banden aus Abbildung D-15 aufgeführt. Der lineare Zusammenhang zwischen der Antigenmenge und der Peakfläche ermöglicht die Quantifizierung von Lysozym und BSA in der Markerprobe (s. auch Abbildung D-17). Es werden 24 pmol Lysozym und 3.5 pmol BSA mittels LA-ICP-MS-Westernblot bestimmt. Dieses Ergebnis korreliert gut mit den Werten, die mit dem FLA-5100 Scanner und dessen Software für CBB gefärbte Gele erhalten werden (Lysozym: 21 pmol; BSA: 4.5 pmol). Eine Quantifizierung von Proteinen ist also mittels SCN-DOTA(Ln) markierter Antikörper im Westernblot und LA-ICP-MS-Detektion möglich, vorausgesetzt das Antigen steht mit bekannter Konzentration als Standard für die Kalibrationsreihe zur Verfügung.

D Ergebnisse und Diskussion

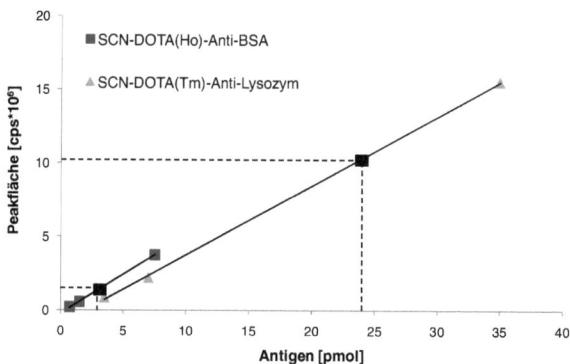

Abbildung D-17: Kalibrationsgerade für die Quantifizierung von Lysozym und BSA im Multiplexing-Westernblot und Detektion mit LA-ICP-MS. Die Werte wurden aus Tabelle D-7 entnommen. Geraden-gleichung Lysozym: $y = 3 \cdot 10^7 x - 933493$, $R^2 = 0.9996$; Geradengleichung BSA: $y = 8 \cdot 10^6 x - 222089$, $R^2 = 0.9999$.

D.1.4 Cytochrom-P450-Profiling mittels Multiplexing-Westernblot und LA-ICP-MS

D.1.4.1 Einführung

Cytochrome P450 (CYP) sind eine Gruppe von Enzymen, die eine wichtige Rolle bei der Entgiftung organismusfremder Substanzen (Xenobiotika) spielen. Dazu zählen z.B. Pestizide, Lösungsmittel oder Farbstoffe, die teilweise biologisch nur schwer abbaubar sind und toxisch wirken können. Die Vielfalt der Enzyme, ihre Reaktionen und umgesetzten Substrate sowie die genotypisch[1] und phänotypisch[2] bedingte Variabilität des Enzymsystems sind die Grundlage für eine zentrale Rolle der CYP im Rahmen der individuellen Schadstoffabwehr, aber auch der individuellen Empfänglichkeit für schädigende adverse Effekte, wie z.B. der chemisch induzierten Karzinogenese oder Komplikationen bei medikamentösen Therapien.

Welche Aufgabe haben CYP im Stoffwechsel des Organismus? Der Organismus ist bestrebt, aufgenommene Fremdstoffe, die für ihn nicht nutzbar sind, wieder auszuscheiden. Insbesondere gilt es, der Akkumulation lipophiler Substanzen entgegenzuwirken, um die Unversehrtheit und die Funktion der zellulären Membrankompartimente zu erhalten. Da eine primäre Eintrittsbarriere, die zwischen verwertbaren und nichtverwertbaren Substanzen unterscheiden kann, weitgehend fehlt, ist

---

[1] Der Begriff Genotyp bezeichnet die Gesamtheit der erblichen Eigenschaften eines Organismus. (34)
[2] Die Bezeichnung phänotypisch steht für die äußere Erscheinungsform (morphologische und physiologische Merkmale) eines Organismus, die durch Wechselwirkung genetischer Ausstattung (Genotyp) und Umwelteinflüsse ausgebildet wird. (34)

D Ergebnisse und Diskussion

eine effiziente Metabolisierung der in die Zellen und Gewebe gelangten Fremdstoffe nötig. Ziel ist es, diese Substanzen derart zu modifizieren, dass sie eine transportable ausscheidungsfähige Form aufweisen. Dieser Prozess besteht aus vielen verschiedenen Reaktionen und Transportprozessen. An diesen komplexen Mechanismen sind CYP maßgeblich beteiligt, indem sie eine primäre Funktionalisierung des Fremdstoffmoleküls, Reaktion der Phase I, vornehmen. Auf diese Weise unterstützen sie die Arbeit der Phase-II-Enzyme, welche dann hydrophile Moleküle (z.B. Glutathion, Glucuronsäure oder Sulfatgruppen) an die modifizierten Fremdstoffe binden. Über diese Biotransformation wird die Wasserlöslichkeit der Schadstoffe erhöht und sie können leichter über die Galle oder die Niere ausgeschieden werden. (12) Der Vorgang ist allerdings nicht gleichbedeutend mit Entgiftung zu setzen. Es ist möglich, dass erst die in vivo Funktionalisierung der Fremdstoffe zu einer reaktiven Spezies führt, die ungewollte (Umweltschadstoffe) oder gewollte (Medikamente) Effekte auf biochemische Abläufe im Organismus ausübt.

CYP sind im gesamten Organismusbereich (Mikroorganismen, Pflanzen, Tiere) anzutreffen. Der Buchstabe P steht für Pigment. Die Zahl 450 leitet sich von der Lichtabsorption bei 450 nm ab, die charakteristisch für den Kohlenmonoxid-Komplex von reduziertem CYP in der Fe^{2+}-Form ist. Im Mechanismus der CYP-Katalyse spielen die Hämeisen-Sauerstoffkomplexe mit unterschiedlichen Oxidationsstufen des Eisens eine Rolle. Die Tabelle D-8 gibt einen Überblick über die Eigenschaften von eukaryotischen CYP.

Die Nomenklatur der CYP basiert auf dem Ausmaß der Übereinstimmungen ihrer Aminosäuresequenzen. Enzyme mit mehr als 40 % Sequenzübereinstimmung werden in die gleiche Familie gestellt; ab 60 % Übereinstimmung werden sie in Unterfamilien geführt. Familien werden mit Zahlen (CYP3), Unterfamilien mit einem Buchstaben (CYP3A) und individuelle Enzyme schließlich mit einer weiteren Zahl gekennzeichnet (CYP3A1). Von den insgesamt 120 bekannten CYP-Familien sind 17 im Menschen vertreten, wobei für den Fremdstoffmetabolismus überwiegend die Familien CYP1 – CYP3 verantwortlich sind. (13) CYP sind vermutlich in allen menschlichen Organen nachweisbar. Die CYP-Grundausstattung einzelner Gewebe unterscheidet sich aber sowohl hinsichtlich der Enzymprofile wie auch in der Enzymkonzentration. Eine Vielfalt und hohe Konzentrationen an Enzymen zeigen sich besonders in der Leber, die zudem durch ihre Masse eine insgesamt hohe Kapazität an CYP-Aktivitäten aufweist und so maßgeblich zum Metabolismus von Fremdstoffen im Körper beiträgt. In den folgenden Abschnitten sind noch einige Informationen zu ausgewählten CYP zusammengefasst.

D Ergebnisse und Diskussion

Eigenschaften der Cytochrome P450 (CYP)	
Enzymgruppe	• Strukturell: Hämthiolatprotein • Funktionell: Monooxygenasen
Lokalisation	• im Organismus: Alle Gewebe, aber mit unterschiedlichen Enzymprofilen • In der Zelle: Membrangebunden (endoplasmatisches Retikulum; Mitochondrien)
Strukturmerkmale	• Coenzym: Häm-Fe • MW: ca. 50 kDa
Enzymatische Co-Faktoren	• O_2 • NADPH und ggf. NADH
Substrate	• Xenobiotika: Pharmaka, Umweltschadstoffe, Pflanzeninhaltsstoffe • Endogene Substrate: Steroide, Fettsäuren
Reaktionen (Beispiele)	• Aromatische Hydroxylierung (z.B. trizyklische Antidepressiva) • Epoxidierung (z.B. Benzo[a]pyren) • N-Demethylierung (z.B. Codein)
Enzymdiveristät	• Mensch: ca. 60 verschiedene Enzyme • Ratte: ca. 45 verschiedene Enzyme

Tabelle D-8: Ausgewählte Eigenschaften von CYP. (14) (15)

Die Eigenschaften der Unterfamilie CYP1A sind sehr detailliert in der Literatur beschrieben. (13) (15) In den meisten Geweben liegt CYP1A1 unter normalen Bedingungen gar nicht oder nur gering konzentriert vor. Die Induzierung des Enzyms erfolgt über einen Mechanismus des Aryl-Hydrocarbon-Rezeptors (AHR), welcher durch viele Xenobiotika, wie polyzyklische aromatische Kohlewasserstoffe (PAK), Dioxin und coplanare polychlorierte Biphenyle (PCB), beeinflusst wird. (15) Der PAK 3-Methylcholanthren ist ein klassischer Induktor für die Enzyme der CYP1A Unterfamilie. (12) Er wurde auch in den folgenden Experimenten verwendet. CYP1A1 spielt eine kritische Rolle bei der Entstehung vieler toxischer Verbindungen und Krebs, durch die metabolische Aktivierung von karzinogenen PAKs zu elektrophilen reaktiven Intermediaten. (15) Die Regulation des CYP1A1 (sowie CYP1A2, CYP1B1, CYP2S1) erfolgt über Genexpression mit Hilfe des AHR. Dieser ist ein ligandabhängiger cytosolisch lokalisierter Transkriptionsfaktor. Nach der Aktivierung durch die Bindung eines Liganden wie 3-Methylcholantren oder Benzo[a]pyren transloziert er in den Nukleus und aktiviert die Transkription der Gene. So kommt es zu einer konzertierten Induktion verschiedener am Fremdstoffmetabolismus beteiligter Enzyme. (12) (15)

Die Unterfamilie CYP2B gehört zur Klasse der mit Phenobarbital induzierten Enzyme. Sie katalysieren zum einem die Substrattransformation in endogenen Stoffwechselwegen, wie z.B. von Steroiden, zum anderen setzen sie aber auch Medikamente und Umweltschadstoffe um. Die Kapazität zur Erzeugung reaktiver Metabolite ist weitaus geringer als für Enzyme der CYP1-Familie. Die Induzierung dieser Unterfamilie erfolgt ebenfalls über rezeptorgesteuerte Transkription (konstitutiver Androstan-Rezeptor). (15)

Für die Metabolisierung von Medikamenten, wie Omeprazol, Warfarin, Mephenytoin oder Paclitaxel ist die Unterfamilie CYP2C bedeutsam. Daneben metabolisieren CYP2C einige endogene Substanzen, die eine wichtige Rolle in normalen physiologischen Prozessen wie der Signaltransduktion spielen. (15)

Das Enzym CYP2E1 wird sehr ausführlich in der Literatur beschrieben. (15) Die Expression des Enzyms wird durch viele verschiedene Schadstoffe, aber auch durch physiologische und pathologische Bedingungen, wie Ernährung, Entzündungen, Virusinfektionen oder auch Krebs beeinflusst. Über 80 verschiedene Substrate für CYP2E1 wurden bereits identifiziert. Die meisten dieser Substrate sind kleine, hydrophobe Moleküle, wie z.B. Ethanol, Benzol, Nicotin, Chloroform, Diethylether und Isoniazid. (15) Die Regulierung sowohl des CYP2E1 Gens als auch des Proteins ist sehr komplex und beinhaltet intrazelluläre Signaltransduktion, transkriptionale, post-transkriptionale und post-translationale Ereignisse.

Enzyme der CYP3A-Unterfamilie sind für die menschliche Biologie und in der Medizin sehr bedeutsam. Sie bilden den Hauptanteil der CYP in der Leber und weisen eine große Substratspezifität auf. Außerdem tritt CYP3A auch im Darmtrakt auf. Dies verspricht einen doppelten Schutz gegen Xenobiotika bevor diese in den Körperkreislauf gelangen können. CYP3A ist für die Biotransformation vieler endogener Substanzen, potentieller Schadstoffe und zahlloser Medikamente verantwortlich. Unter anderem werden viele pflanzliche und pilzliche Toxine oder Therapeutika durch CYP3A metabolisiert. Einige Substratbeispiele sind Cocain, Codein, Methadon, Chinin und Testosteron. (15)

CYP-Profile unterscheiden sich in verschiedenen Spezies, Individuen oder in verschiedenen Gewebearten. Des Weiteren können sie durch zugeführte Chemikalien oder Xenobiotika beeinflusst werden, wobei eine Verbindung gleich mehrere CYP induzieren kann. Je nach Substrat kann der Enzymspiegel hoch oder herunterreguliert vorliegen. Die Analyse ihrer adaptiven Regulierung sowie ihrer individuellen variablen Profile ist eine besondere analytische Herausforderung. Die Nutzung von Multiplexing-Assays ermöglicht es in diesem Forschungsfeld den Zeit- und Kostenaufwand erheblich zu reduzieren, weil die benötigte Menge an Proben und Verbrauchsmaterial (z.B. Antikörper, Membranen, Puffer,...) pro Versuchsreihe verringert wird. Anstatt z.B. fünf einzelne Assays für den Nachweis fünf verschiedener CYP durchzuführen (wie im Fall der Chemilumineszenz), können fünf Antikörper in einem Westernblot eingesetzt werden, wobei mehr Informationen aus einem Versuch erhalten werden. So können auch Fehler im Probenauftrag minimiert und Parameter aus einem Probenlauf direkt miteinander verglichen werden.

D.1.4.2 Aufbau des Experiments

Um ein Expressions-Profil für ausgewählte CYP (CYP1A1, CYP2E1, CYP2C11, CYP2B1/2B2, CYP3A1) zu erstellen und den Einfluss verschiedener Xenobiotika zu untersuchen, wurden Lebermikrosomen von Sprague Dawley Ratten eingesetzt, die verschiedenen Fremdstoffen (s. Tabelle D-9) ausgesetzt waren; dabei erfolgte die Substanzaufnahme entweder durch das Trinkwasser oder durch intraperitoneale Injektion. Einen Tag nach der Schadstoffaussetzung wurden die behandelten sowie männliche (m) und weibliche (f) unbehandelte Raten getötet, die Lebermikrosomen präpariert (analog nach Guengerich (16)) und bei -80 °C gelagert. Diese Experimente wurden in der Arbeitsgruppe von PD Dr. P. H. Roos am IfADo unter Berücksichtigung des deutschen Tierschutzgesetzes (Genehmigung 23.8720 Nr. 24.7 und 23.8720 Nr. 20.35, Bezirksregierung Arnsberg) durchgeführt.

Für den Nachweis der ausgewählten CYP wurden 5 µg der Mikrosomenproben mittels SDS-PAGE getrennt und auf eine NC-Membran überführt (Semi-Dry Blotting). Die Identifizierung erfolgte im Westernblot durch entsprechende Antikörper (Inkubation für 2 h mit $c_{Antikörper}$ = 0,5 µg/ml in 10 ml PBS-T). Für die Studie wurden fünf monoklonale Antikörper gegen verschiedene CYP ausgewählt. Anti-CYP3A1 und Anti-CYP2B1/2B2 stammen von Santa Cruz Biotechnology Inc., Santa Cruz, USA. Anti-CYP1A1, Anti-CYP2C11 und Anti-CYP2E1 sind von Arbeitsgruppe Roos (IfADo) selbst produzierte monoklonale Antikörper. Die Antikörper wurden je mit einem 100-fachen Überschuss SCN-DOTA(Ln) für 4 h bei RT derivatisiert und einzeln in fünf Westernblots auf ihre Spezifität getestet bevor sie in Multiplexing-Experimenten eingesetzt wurden. Es wurden folgende Derivate hergestellt: SCN-DOTA(Tb)-Anti-CYP3A1, SCN-DOTA(Tm)-Anti-

CYP2B1/2B2, SCN-DOTA(Ho)-Anti-CYP1A1, SCN-DOTA(Lu)-Anti-CYP2C11 und SCN-DOTA(Eu)-Anti-CYP2E1.

Zudem wurde SCN-DOTA(Pr)-BSA auf die Eignung als interner Standard in den Westernblots geprüft; dafür wurde es, nach der Sättigung unspezifischer Bindungsstellen mit Milchpulver, zusammen mit den Antikörpern eingesetzt ($c_{SCN-DOTA(Pr)-BSA}$ = 0,5 µg/ml in 10 ml PBS-T).

Xenobiotika	Kürzel	Eigenschaften
3-Methylcholanthren	3MC	PAK; krebserzeugend
Phenobarbital	PB	Barbiturat; Medikament (zur Epilepsiebehandlung)
Dexamethason	DEX	Steroid; Medikament (entzündungshemmend)
Isoniazid	INH	Säurehydrazid; Antibiotikum (bei Tuberkulose)
Clofibrat	CLO	Carbonsäurederivat; lipidsenkendes Arzneimittel
Unbehandelt	UT	

Tabelle D-9: Eingesetzte Xenobiotika und im Folgenden verwendete Kürzel. Das Kürzel kann noch mit m (männlich) oder f (weiblich) versehen werden, je nach Geschlecht der Versuchstiere. Die Informationen zu den Verbindungen stammen aus Referenz (17).

Um die Sensitivität der LA-ICP-MS für die Detektion von CYP zu evaluieren, wurden die CYP-Gesamtmenge in den Proben von der Arbeitsgruppe Ross (IfADo) spektroskopisch über die Extinktion des CYP-Kohlenmonoxidkomplexes nach der Methode von Omura und Sato (18) ermittelt. Die Stoffmengen sind in Tabelle D-10 zusammengefasst und zeigen, dass bei den in der SDS-PAGE eingesetzten Mikrosomenmengen, die CYP-Stoffmengen im unteren pmol-Bereich liegen. Ausgehend von den ermittelten CYP-Gesamtmengen und Daten aus der Literatur, konnte die ungefähre Stoffmenge einiger CYP-Enzyme in 5 µg Mikrosomen berechnet werden. Die Werte zeigen, dass die eingesetzten CYP-Stoffmengen in den Westernblots im unteren pmol- bzw. mittleren fmol-Bereich liegen.

D Ergebnisse und Diskussion

[pmol]	n_{CYP}	n_{1A1}	n_{2B1}	n_{2C11}	n_{2E1}	n_{3A}
UTm	5,4	0,17	< 0,005	1,77	0,42	0,71
UTf	5,7	-	< 0,005	< 0,005	-	0,05
PBm	6,7	0,11	3,89	0,98	0,19	1,67
DEXm	8,2	-	1,63	0,43	-	5,25
3MCm	5,6	3,84	-	0,35	0,07	0,05
CLOm	4,3	-	-	-	0,27	-
INHm	3,7	-	-	-	-	-

Tabelle D-10: Zusammenfassung der CYP-Mengen in den eingesetzten 5 µg Mikrosomenproben. Die CYP-Gesamtstoffmenge (n_{CYP}) wurde spektroskopisch von der Arbeitsgruppe Roos (IfADo) bestimmt. Zudem zeigt die Tabelle berechnete Stoffmengen einzelner CYP-Enzyme nach Roos (19). Die Quantifizierung des CYP3A1 stammt von Roos et al. (20) und beinhaltet wahrscheinlich alle CYP3A-Spezies.

Es soll noch angemerkt werden, dass im Tiermodell Ratte die CYP-Aktivität zwar besser untersucht ist als beim Menschen, sie ist aber u.a. aufgrund nicht klarer oder nicht vorhandener Enzym-Orthologe[3] nicht vorbehaltlos auf den Menschen übertragbar.

D.1.4.3 Verhalten der Antikörper in einfachen Westernblots

Um das Bindungsverhalten der ausgewählten Antikörper sowie von SCN-DOTA(Pr)-BSA, als möglichen Standard, zu prüfen, wurden diese zunächst in sechs einzelnen Westernblots getestet (Versuchsbedingungen s. Kapitel D.1.4.2). Die Peakflächen der Proteinbanden nach Detektion mit LA-ICP-MS wurden integriert und sind in Abbildung D-18 als Balkendiagramm zusammengefasst. Die Daten der einzelnen 2D-Plots aller Messungen sind in Anhang F.4 zu finden. Zunächst kann aus dem Diagramm gefolgert werden, dass die Signalintensitäten der verschiedenen lanthanidmarkierten CYP-Antikörper in den Probenspuren der Westernblots unterschiedlich sind und damit abhängig von dem eingesetzten Fremdstoff sind, mit dem die Ratten behandelt wurden. Die CYP werden also durch den Einsatz verschiedener Fremdstoffe in ihrer Konzentration im Vergleich zu unbehandelten Versuchstieren (UT) hoch bzw. runter reguliert. Das Enzym CYP1A1 ist nach der Behandlung mit 3MC sehr stark hoch reguliert, ebenso ein wenig nach dem Einsatz von INH. Für CYP2B1/2B2 wird nur ein starkes Signal nach der Behandlung mit PB identifiziert. Die anderen Xenobiotika scheinen keinen Einfluss auf das

---

[3] Begriff aus der Evolutionsforschung zum Verwandtschaftsgrad von Molekülen. Orthologe sind Moleküle, die sich in der Evolution aus einem gemeinsamen Vorfahren entwickelt haben (= homolog) und sich nun in unterschiedlichen Arten finden lassen und ähnliche oder identische Funktionen ausüben. (4) (Beispiel: Hämoglobin, welches in allen Säugetieren vorkommt)

Enzym zu haben. Dagegen wird CYP2E1 in männlichen Ratten durch die Anwendung von PB und DEX im Vergleich zu den unbehandelten Tieren (UTm) unterdrückt. Des Weiteren wird CYP3A1 auch durch die Fremdstoffe DEX und CLO stark hoch reguliert.

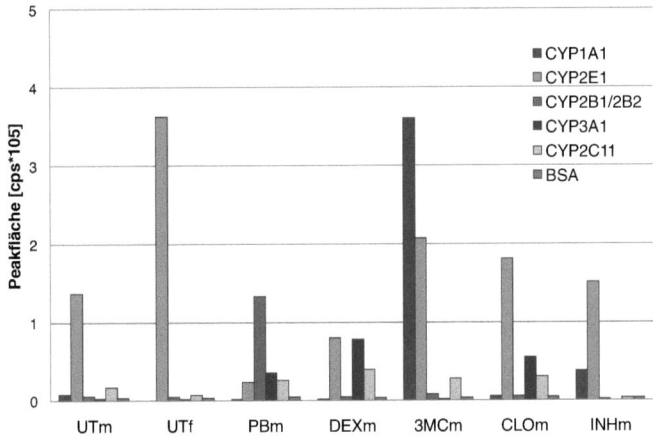

Abbildung D-18: Das Balkendiagramm stellt die integrierten Peakflächen von sechs Isotopensignalen nach LA-ICP-MS-Detektion von sechs Westernblots dar. Dafür wurden je 5 µg ausgewählter Mikrosomenproben mittels SDS-PAGE getrennt auf eine NC-Membran überführt und die Blots mit je einem markierten Antikörper (SCN-DOTA(Ho)-Anti-CYP1A1, SCN-DOTA(Eu)-Anti-CYP2E1, SCN-DOTA(Tm)-Anti-CYP2B1/2B2, SCN-DOTA(Tb)-Anti-CYP3A1, SCN-DOTA(Lu)-Anti-CYP2C11) bzw. SCN-DOTA(Pr)-BSA inkubiert. Anschließend wurden die Blots mit LA-ICP-MS detektiert. Die Intensität von 153Eu wurde auf 100 % Isotopenhäufigkeit umgerechnet.

Eine weitere Blotmembran wurde mit praseodymmarkiertem BSA inkubiert; wie erwartet konnten auf diesem Blot keine Proteinbanden identifiziert werden, deshalb wurde in jeder Probenspur über die Laufstrecke von 15 – 25 mm integriert, da in diesem Bereich die CYP-Banden in den anderen LA-ICP-Massenspektren auftraten. Die berechneten „Peakflächen" für diesen Bereich liegen bei niedrigen $3,40 \cdot 10^3 \pm 3,73 \cdot 10^2$ cps. Da das SCN-DOTA(Pr)-BSA sich relativ gleichmäßig über die gesamte Membran verteilt, soll es in den folgenden Multiplexing-Experimenten als interner Standard für die Normierung der Daten aus verschiedenen Messungen dienen.

D.1.4.4 Multiplexing-Westernblot

Die fünf unterschiedlich markierten Antikörper und SCN-DOTA(Pr)-BSA aus Abschnitt D.1.4.3 sollen nun als Mischung in einem einzigen Westernblot eingesetzt und simultan mit LA-ICP-MS bestimmt werden (Versuchsbedingungen s. Kapitel D.1.4.2). Aufgrund der begrenzten Scangeschwindigkeit des Sektorfeld-ICP-MS, wurden die eingesetzten

Lanthanide in zwei Gruppen geteilt (Gr. A: ^{165}Ho, ^{169}Tm, ^{175}Lu; Gr. B: ^{141}Pr, ^{153}Eu, ^{159}Tb) und die Gruppen A und B immer abwechselnd gemessen. 1. Linienscan: Gr. A, 2. Linienscan: Gr. B, 3. Linienscan: Gr. A,... Innerhalb der Gruppe erfolgte die Isotopendetektion quasi simultan.

Abbildung D-19 zeigt die Elektropherogramme der sieben verschiedenen elektrophoretisch getrennten Mikrosomenproben. Einige der gesuchten CYP-Banden weisen teilweise unterschiedliche Laufstrecken auf, während andere dieselbe Laustrecke aufweisen (CYP2E1, CYP2C11, CYP2B1/2B2). Die Peaks, die CYP1A1 (21 mm), CYP2E1 (24 mm) und CYP3A1 (22 mm) zugeordnet werden, können legen unterschiedliche Laufstrecken in der SDS-PAGE zurück, da sie verschiedene MW aufweisen (CYP1A1, 56 kDa (21); CYP3A1, 51 kDa (22); CYP3B1/2B2, 50 kDa (23)). Es kommt zu keiner Überlagerung der Signale und damit kann ausgeschlossen werden, dass die verschiedenen Antikörper (Anti-CYP1A1, Anti-CYP2E1, Anti-CYP3A1) sich im Westernblot bei der Bindung ans jeweilige Antigen gegenseitig behindern. Ebenso kann man folgern, dass die Peaks, die Anti-CYP2C11 bzw. Anti-CYP2B1/2B2 zugeordnet werden, nicht mit Anti-CYP1A1 und Anti-CYP3A1 überlagern. Dagegen zeigen die Peaks für CYP2E1, CYP2C11 und CYP2B1/2B2 alle dieselbe Retention von 24 mm, weil die Enzyme alle ein MW von 50 kDa besitzen.

D Ergebnisse und Diskussion

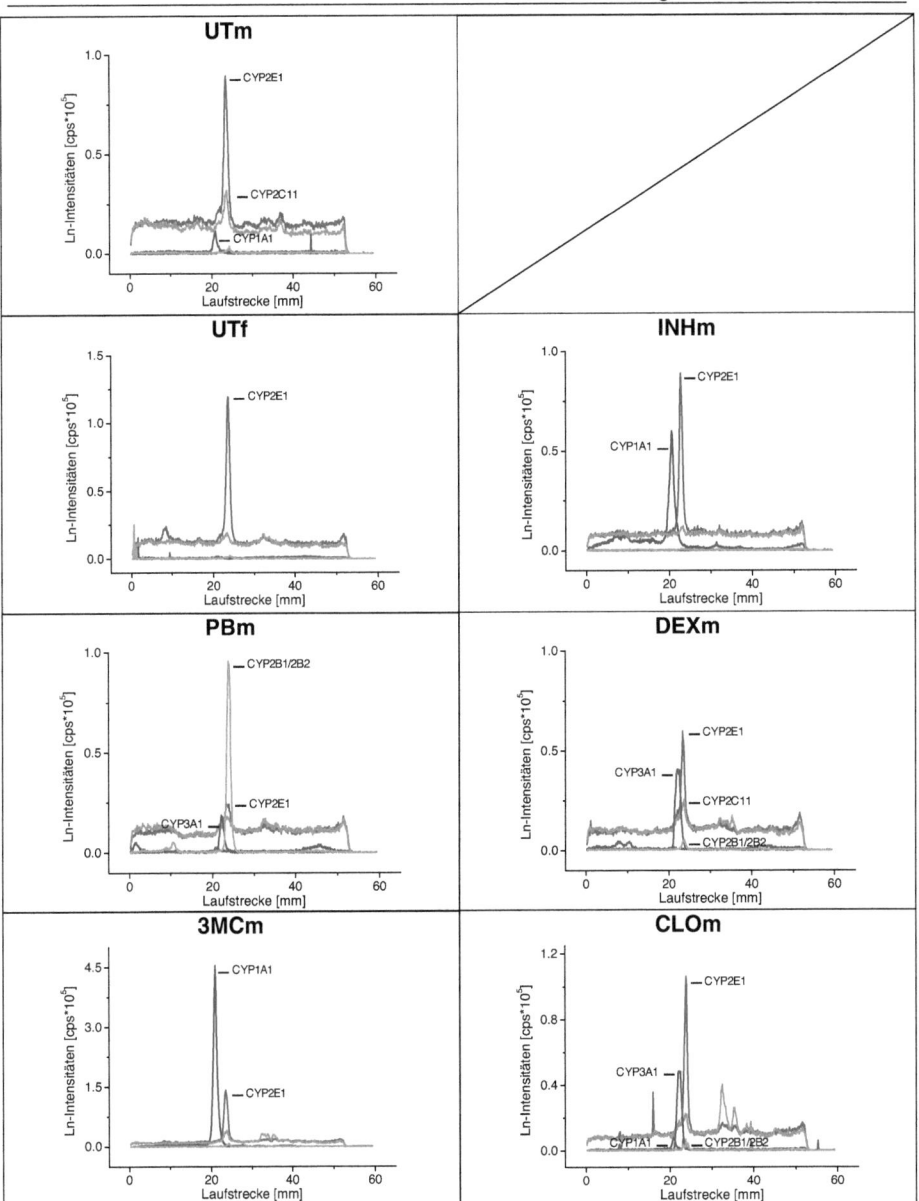

Abbildung D-19: Die Elektropherogramme zeigen den Intensitätsverlauf der fünf detektierten Elementisotope der markierten Antikörper (SCN-DOTA(Ho)-Anti-CYP1A1, SCN-DOTA(Eu)-Anti-CYP2E1 (auf 100 % Isotopenhäufigkeit umgerechnet), SCN-DOTA(Tm)-Anti-CYP2B1/2B2, SCN-DOTA(Tb)-Anti-CYP3A1, SCN-DOTA(Lu)-Anti-CYP2C11) in einer Probenspur.

D Ergebnisse und Diskussion

Um aufzuklären, ob in einem solchen Fall eine Unterdrückung von Signalintensitäten durch die Anwesenheit mehrerer Antikörper im Westernblot auftreten kann, werden die integrierten Peakflächen der verschiedenen Banden aus dem Multiplexing-Experiment mit denen der einfachen Westernblots aus Kapitel D.1.4.3 verglichen. Dafür wurden die Peakflächen aus beiden Experimenten als Stapelbalkendiagramme in Abbildung D-20A und B gegenübergestellt. Die Diagramme vergleichen den prozentualen Anteil jeden Wertes (Peakfläche) in einer Kategorie (Probenspur) zum Gesamtwert (Summe der Isotopen-Peakflächen ohne $^{141}Pr^+$ in einer Spur). Auf den ersten Blick ist bereits zu erkennen, dass sich die prozentualen Anteile der detektierten Isotope in den verschiedenen Probenspuren in den beiden Diagrammen sehr ähneln. Die Differenz der prozentualen Anteile zwischen dem Multiplexing-Experiment und den einzelnen Westernblots liegt bei den meisten der identifizierten Antigenbanden zwischen - 5 % und + 5 % und dies obwohl die Messungen nicht auf einen Standard normiert wurden. Ist die Differenz positiv, so ist der prozentuale Anteil der integrierten Peakfläche des Isotops im Multiplexing-Experiment größer als im einfachen Westernblot und umgekehrt. Die Banden, die CYP2E1 und CYP2C11 zugeordnet werden können, weisen die gleiche Laufstrecke auf. CYP2E1 liegt in allen Proben stärker konzentriert vor als CYP2C11. Dies nimmt aber keinen Einfluss auf die Intensität der Bande, die CYP2C11 zugeordnet werden kann, da diese auch in den Probenspuren des einfachen Westernblots schwach ausfällt; z.B. beträgt die Differenz der prozentualen Anteile aus Multiplexing-Experiment und einfachen Westernblot für den Nachweis von CYP2C11 in INHm und 3MCm nur 0,4 % bzw. -0,8 %. Auch für die anderen Mikrosomenproben liegen die Differenzen unter 5 %. Dies gilt ebenso für den Nachweis von CYP2B1/2B2, auch hier fallen die Differenzen der prozentualen Anteile gering aus. Es kann demnach angenommen werden, dass in diesem Experiment eine einseitige Signalunterdrückung durch die Anwesenheit von fünf Antikörpern in einem Westernblot vernachlässigt werden kann.

Auch der Multiplexing-Westernblot (Abbildung D-21) zeigt, dass die Signalintensität der verschiedenen lanthanidmarkierten CYP-Antikörper variiert und abhängig von dem eingesetzten Induktor ist. Analog zu den einzelnen Westernblots, zeigt das Multiplexing-Experiment, dass das Enzym CYP1A1 nach der Behandlung mit 3MC sehr stark hoch reguliert ist. Auch der Einsatz von INH führt zu einem Anstieg der CYP1A1-Konzentration im Vergleich zu den unbehandelten Proben. Ebenso stimmen die Beobachtungen für die anderen CYP mit den Ergebnissen aus den einzelnen Westernblots überein. Für CYP2B1/2B2 wird ein starkes Signal nur nach der Behandlung mit PB identifiziert.

D Ergebnisse und Diskussion

CYP2E1 wird durch die Anwendung von PB und DEX im Vergleich zu den unbehandelten Tieren (UTm) unterdrückt. CYP3A1 wird durch PB, DEX und CLO stark hoch reguliert.

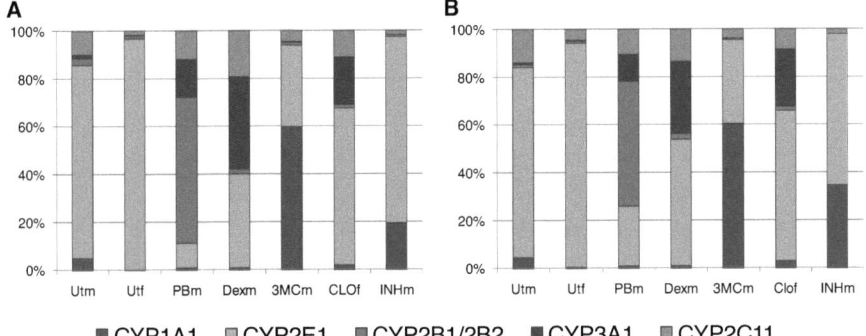

■ CYP1A1   ▫ CYP2E1   ■ CYP2B1/2B2   ■ CYP3A1   ■ CYP2C11

Abbildung D-20: Die Graphiken vergleichen den prozentualen Anteil jeden Wertes (Peakfläche) in einer Kategorie (Probenspur) zum Gesamtwert (Summe der Isotopen-Peakflächen ohne $^{141}Pr^+$ in einer Spur). **A:** Die Stapelbalkengraphik stellt die integrierten Peakflächen von fünf Isotopensignalen nach LA-ICP-MS Detektion von fünf Westernblots dar, die mit je einem markierten Antikörper inkubiert wurden. **B:** Die Stapelbalkengraphik stellt die integrierten Peakflächen von fünf Isotopensignalen nach LA-ICP-MS Detektion eines Multiplexing-Westernblots dar, der mit fünf markierten Antikörpern gleichzeitig inkubiert wurde. Eingesetzte Antikörper: SCN-DOTA(Ho)-Anti-CYP1A1, SCN-DOTA(Eu)-Anti-CYP2E1 (auf 100 % Isotopenhäufigkeit umgerechnet), SCN-DOTA(Tm)-Anti-CYP2B1/2B2, SCN-DOTA(Tb)-Anti-CYP3A1, SCN-DOTA(Lu)-Anti-CYP2C11.

Generell kann gesagt werden, dass mit dieser Methode CYP im pmol- bis fmol-Bereich nachweisbar sind (s. Tabelle D-10). So wurden z.B. neben dem starken Signal des SCN-DOTA(Ho)-Anti-CYP1A1 in der 3MC-Probe auch schwach positive Signale in den UTm- und PBm-Proben detektiert. Des Weiteren liegen alle Signale die CYP2E1 zugeordnet werden können im mittleren Intensitätsbereich, obwohl das Enzym laut Tabelle D-10 nur gering konzentriert vorliegt. Dies könnte durch eine bessere Antikörper-Antigen-Erkennung im Vergleich zu den anderen Antikörpern begründet sein, wie es bereits im Modellsystem in Kapitel D.1.3.8 beobachtet wurde.

Des Weiteren wurde die Reproduzierbarkeit des Multiplexing-Westernblots mit CYP-Antikörpern geprüft. Abbildung D-21 zeigt das Balkendiagramm der normierten mittleren Peakflächen aus drei gleichen Multiplexing-Westernblots. Dafür wurde das oben beschriebene Experiment dreimal mit markierten Antikörpern aus denselben Chargen wiederholt. Die integrierten Peakflächen der Blots wurden auf den Wert für SCN-DOTA(Pr)-BSA normiert, so dass die Mittelwerte, Standardabweichung sowie RSD aus

D Ergebnisse und Diskussion

den drei Messungen bestimmt werden können. Um den Wert für den Standard zu erhalten wurde der Mittelwert über alle Linienscans von $^{141}Pr^+$ berechnet und die „Peakfläche" über die Laufstrecke von 20 bis 30 mm bestimmt (falls nötig nach Spike-Korrektur). Dieser Wert wurde dann für die Normierung aller integrierten Peakflächen ($^{153}Eu^+$, $^{165}Ho^+$, $^{159}Tb^+$, $^{169}Tm^+$, $^{175}Lu^+$) der Membran eingesetzt. Die Normierung schien keinen besonderen Einfluss auf die Daten und die berechneten RSD zu haben, da die Messungen innerhalb einer Woche unter sehr ähnlichen optimierten Gerätebedingungen durchgeführt wurden. Dennoch wird ein Standard als wichtig erachtet, da sich die Gerätebedingungen durchaus stärker ändern können und oft vom Operator abhängen.

Die Standardabweichung und so auch die RSD reflektieren die Reproduzierbarkeit der gesamten Probenvorbereitung, bestehend aus Probenaufgabe, SDS-PAGE, Semi-Dry Blotting und Immunoassay, Laser Ablation und ICP-MS-Detektion. Entsprechend fallen die Werte in Abhängigkeit der Mikrosomenprobe und des Antikörpers sehr unterschiedlich aus. Die niedrigste RSD (2,8 %) wurde mit SCN-DOTA(Eu)-Anti-CYP2E1 beim Nachweis von CYP2E1 in der PBm-Probe erzielt. Die höchsten Werte (50 %) wurden in unbehandelten Proben für den Nachweis von CYP3A1 und CYP2B1/2B2 beobachtet, die hier aber auch nur knapp über der Detektionsgrenze lagen. In den übrigen Probenspuren zeigt SCN-DOTA(Tm)-Anti-CYP2B1/2B2 gute Reproduzierbarkeiten von 8 bis 25 %. Dagegen zeigt SCN-DOTA(Tb)-Anti-CYP3A1 auch hohe RSD-Werte für alle weiteren Proben (30 – 50 %). Gute Reproduzierbarkeiten werden zudem mit anti-CYP1A1 für die Proben von männlichen Ratten erzielt (12 – 18 %), als Ausreißer könnte hier die UTf-Probe angesehen werden, die eine RSD von 37 % aufweist. Allerdings liegen auch hier die Signale nah an der Nachweisgrenze. Die RSD für den Antigennachweis mit SCN-DOTA(Eu)-Anti-CYP2E1 sind sehr unterschiedlich in den einzelnen Proben und reichen von 2,8 % (PBm) bis 37 % (3MCm). Beim Nachweis von CYP2C11 erschweren ein hoher Untergrund und viele unspezifische Banden die Bestimmung der Peakflächen, so dass die RSD von 3,9 – 44 % reichen. In der Probenspur INHm konnten in allen drei Westernblots keine Banden für CYP3A1 und CYP2B1/2B2 identifiziert werden.

Der RSD fällt somit teilweise wesentlich höher aus als die in Kapitel D.1.3.4 ermittelten 15 %. Allerdings handelt es sich hier um die Präparierung von sieben Proteomproben, welche mit SDS-PAGE und Semi-Dry Blotting für den Westernblot vorbereitet wurden, so dass mit höheren Abweichungen gerechnet werden muss, als bei der Untersuchung von Standardproteinen. Dennoch kann festgehalten werden, dass mit dieser Methode ein erstes CYP-Profil für die eingesetzten Xenobiotika erstellt werden konnte. Der Multiplexing-Westernblot kombiniert mit LA-ICP-MS ist zudem weniger

D Ergebnisse und Diskussion

zeitaufwendig, da fünf oder mehr Antikörper in einem Westernblot angewendet werden können und nicht für jeden Antikörper ein einzelner Assay durchgeführt werden muss. Auch kann auf einen Sekundärantikörper für die Signalverstärkung verzichtet werden. Ein weiterer Vorteil ist, dass die Probenvorbereitung für die SDS-PAGE nur einmal durchgeführt werden muss und so Fehler beim Probenauftrag reduziert werden können. Zudem müssen keine Laufunterschiede zwischen mehreren Elektrophoresen berücksichtigt werden.

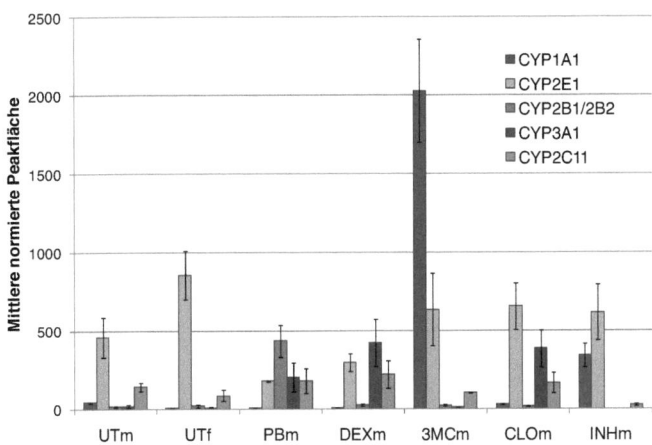

Abbildung D-21: Das Balkendiagramm stellt die mittleren integrierten Peakflächen sowie die Standardabweichung von fünf Isotopensignalen nach LA-ICP-MS Detektion von drei gleichen Multiplexing-Westernblots und Normierung auf $^{141}Pr^+$ dar. Dafür wurden je 5 µg ausgewählter Mikrosomenproben mittels SDS-PAGE getrennt auf eine NC-Membran überführt und der Blot mit den fünf markierten Antikörper (SCN-DOTA(Ho)-Anti-CYP1A1, SCN-DOTA(Eu)-Anti-CYP2E1 (auf 100 % Isotopenhäufigkeit umgerechnet), SCN-DOTA(Tm)-Anti-CYP2B1/2B2, SCN-DOTA(Tb)-Anti-CYP3A1, SCN-DOTA(Lu)-Anti-CYP2C11) und SCN-DOTA(Pr)-BSA gleichzeitig inkubiert. Dieser Versuch wurde dreimal mit markierten Antikörpern aus denselben Chargen durchgeführt. Anschließend wurde die Blots mit LA-ICP-MS detektiert.

D.1.4.5 Validierung der Ergebnisse aus dem Multiplexing-Westernblot

Der Multiplexing-Westernblot aus Kapitel D.1.4.4 zeigt, dass die Signalintensität der verschiedenen lanthanidmarkierten CYP-Antikörper abhängig vom eingesetzten Xenobiotika variiert. CYP2E1 und CYP2C11 werden sowohl in den Mikrosomenproben von unbehandelten wie auch mit ausgewählten Fremdstoffen behandelten Ratten nachgewiesen. Durch 3MC, PB und DEX wird der Enzymspiegel von CYP1A1,

D Ergebnisse und Diskussion

CYP2B1/2B2 und CYP3A1 stark hochreguliert. Des Weiteren wird CYP3A1 durch CLO induziert.

In der Literatur sind bereits einige dieser Beobachtungen belegt. So ist 3MC eine Art „Standardinduzierer" für die Unterfamilie CYP1A, da diese maßgeblich am Metabolismus von PAKs beteiligt ist. (15) Ebenso wird der CYP2B-Spiegel durch PB stark erhöht. (15) Dagegen wird CYP2E1 durch viele verschieden Fremdstoffe beeinflusst und ist an vielen biochemischen Prozessen beteiligt. U.a. wird das Enzym durch INH induziert. (15) CYP3A1 ist in erster Linie steroid-induziert. So kann z.B. DEX den Enzymspiegel anheben, aber auch PB kann CYP3A1 induzieren. (24)

Zudem wurden in der Arbeitsgruppe Roos Enzymaktivitätstests für CYP1A1 und CYP2B mit ausgewählten Mikrosomenproben durchgeführt. CYP1A1 setzt in der Ethoxyresorufin-O-deethylase (EROD)-Reaktion 7-Ethoxyresorufin zu Resorufin um, welches fluoreszenzspektroskopisch nachgewiesen werden kann. Auf ähnliche Weise kann der Enzymspiegel von CYP2B1 (CYP2B2 ist enzymatisch inaktiv) über die Depentylierung von Pentoxyresorufin (PROD-Aktivität) bestimmt werden. (25) (26) Die ermittelten Enzymaktivitäten sind im Balkendiagramm in Abbildung D-22 zusammengefasst. Diese zeigen eine gute Korrelation zu den Enzymprofilen für CYP1A1 und CYP2B1 aus dem Multiplexing-Westernblot in Abbildung D-21. So zeigen auch hier die 3MC- bzw. die PB-Proben stark erhöhte Enzymspiegel für CYP1A1 und CYP2B1, während die übrigen Xenobiotika kaum Einfluss auf die beiden CYP-Unterfamilien nehmen. Die Mikrosomenprobe INHm wurde nicht enzymatisch getestet.

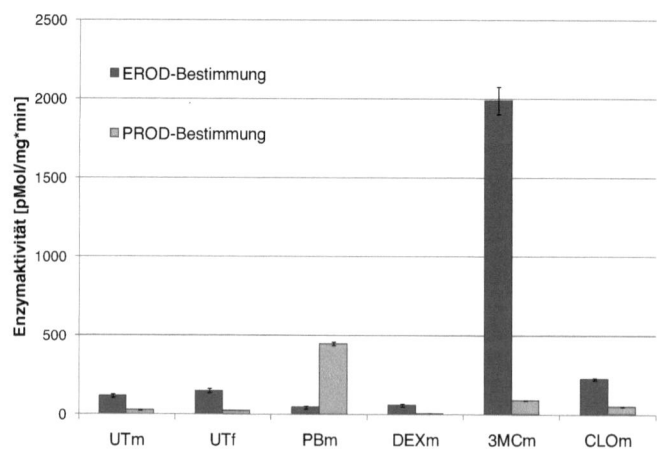

Abbildung D-22: Das Balkendiagramm zeigt die Enzymaktivität (Mittelwert aus zwei Messungen und Standardabweichung) von CYP1A1 und CYP2B1. Der Enzymaktivitätstest für CYP1A1

(EROD-Bestimmung) und CYP2B1 (PROD-Bestimmung) basiert auf dem fluoreszenzspektrosopischen Nachweis von Resorufin, welches durch CYP1A1 bzw. CYP2B1 erzeugt wird.

D.1.5 Fazit

In den Kapiteln D.1.3 und D.1.4 wurde das Labeling von Antikörpern mit SCN-DOTA(Ln) untersucht und die Anwendung markierter Antikörper im Westernblot für die LA-ICP-MS-Detektion optimiert, so dass die simultane Identifizierung und Quantifizierung mehrerer Antigene möglich war. Zum Schluss konnte das optimierte Verfahren genutzt werden, um in einer Proteinstudie die Expression ausgewählter CYP unter Einfluss von chemischen Schadstoffen zu untersuchen.

Aus den im Kapitel D.1.3.2 untersuchten Proben geht hervor, dass die stärkste Signalintensität und damit der höchsten Labelinggrad (1,6) für die Markierung von Anti-Lysozym mit SCN-DOTA(Ln) erreicht wird, wenn ein 100-facher Überschuss des Labelingreagenz eingesetzt wird. Dieser Überschuss liefert auch die besten Intensitäten im Westernblot (Kapitel D.1.3.3). Höhere Überschüsse führten dagegen zu keiner Verbesserung des Labelinggrades und es war ein Signalabfall im Westernblot zu beobachten. Für alle folgenden Antikörpermarkierungen wird ein 100-facher Überschuss SCN-DOTA(Ln) eingesetzt.

Die Reproduzierbarkeit des Westernblots mit einer Standardabweichung von ca. 15 % (Kapitel D.1.3.4) ist sehr gut für einen Immunoassay. Der markierte Antikörper bleibt über Monate stabil und kann deshalb für verschiedene Experimente gelagert werden (Kapitel D.1.3.5). Des Weiteren werden vergleichbare Nachweisgrenzen im Vergleich zu einer konventionellen Methode, der Chemilumineszenz-Detektion, erreicht. Ein weiterer Vorteil gegenüber konventionellen Detektionsmethoden ist, dass die Elementsignatur nach dem Westernblot langzeitstabil ist, was den Transport und die Lagerung der Membranen ermöglicht (Kapitel D.1.3.6).

In einem ersten Multiplexing-Westernblot mit Standardproteinen konnten drei Lanthanide gleichzeitig detektiert werden und ermöglichten so die simultane Identifizierung von drei verschiedenen Proteinen. Mit dieser Versuchsreihe konnten auch Kreuzreaktion zwischen den Antikörpern ausgeschlossen werden (Kapitel D.1.3.8).

Besonders vielversprechend ist die Möglichkeit der Quantifizierung von Antigenen im Westernblot über eine Kalibrationsreihe. So konnten BSA und Lysozym in einem Multiplexing-Westernblot mit LA-ICP-MS quantifiziert werden. Voraussetzung ist jedoch,

D Ergebnisse und Diskussion

dass das Antigen mit bekannter Konzentration für eine Kalibration zur Verfügung steht. (Kapitel D.1.3.9)

Ein alternatives Quantifizierungskonzept für die Antigene, welches noch nicht erprobt wurde, könnte auf einer Kalibrationsreihe aus Antikörpern bekannter Konzentration basieren. Dafür muss allerdings das Bindungsverhalten von Antikörpern an Antigene weiter untersucht werden. Wäre es möglich eine Sättigung der Bindung zu erreichen, könnte ermittelt werden wie viel Antikörpermoleküle an ein Antigenmolekül binden (im Idealfall würde an jedes Antigen ein Antikörper ankoppeln) und es wäre möglich die Antigenkonzentration in der Probe über den gebundenen markierten Antikörper und die Antikörperkalibrationsreihe zu errechnen.

Zur Demonstration der Leistungsfähigkeit der entwickelten Methode wurde ein Problem aus der aktuellen Grundlagenforschung aufgegriffen: die chemikalieninduzierte Expression von Cytochrom P450. Es konnten fünf verschiedene CYP (1A1, 2E1, 2C11, 3A1, 2B1/2B2) erfolgreich in einem Multiplexing-Westernblot identifiziert werden. Die ermittelten CYP-Profile stimmen mit den bekannten Aussagen in der Literatur überein bzw. konnten durch weitere Enzymaktivitätstests validiert werden. Insgesamt ermöglicht der Multiplexing-Westernblot eine erhebliche Reduzierung der Arbeitszeit, Unterschiede zwischen verschiedenen Elektrophoresen oder Westernblots werden vermieden und gleichzeitig können mehr Informationen zu verschiedenen Analyten aus einem einzigen Experiment erhalten werden. Abschließend kann festgehalten werden, dass das Konzept des Multiplexing-Westernblots mit LA-ICP-MS für das CYP-Profiling geeignet ist.

D.2 Labeling von Biomolekülen mit Iod

Die Proteiniodierung ist seit vielen Jahren bekannt und wurde erstmals von M. K. Markwell (27) für die Markierung von Antikörpern mit radioaktivem ^{125}I eingesetzt und ist ausführlich durch den Hersteller der IODO-BEADS (PIERCE) (28) beschrieben. In dieser Arbeit soll das Labeling mit Iod für die Detektion des stabilen Isotops ^{127}I mittels ICP-MS optimiert werden. Die Möglichkeit ein stabiles Isotop zu nutzen vermindert die mit radioaktivem Material verbundenen gesundheitlichen Risiken. Zudem können die Experimente in konventionellen Laboren durchgeführt werden.

D.2.1 Derivatisierung von Proteinen mit IODO-BEADS

In diesem Kapitel wird die Derivatisierung von Proteinen mit Iod, basierend auf der Anwendung von IODO-BEADS, beschrieben. Wie bereits erwähnt, ist die Labelingchemie sehr gut in verschiedenen Büchern (6) (29) und Publikationen (30) beschrieben und soll an dieser Stelle nur kurz erklärt werden. Abbildung D-23 zeigt, dass die Reaktion auf einer elektrophilen Substitution des Kations I$^+$ an Histidin- oder Tyrosinreste im Protein basiert. Durch das Oxidationsmittel N-Chlor-Benzolsulfonamid, welches auf der Oberfläche der IODO-BEADS immobilisiert ist, wird in Lösung aus NaI die reaktive Spezies hergestellt. Markwell vermutet, dass diese als N-Iod-Benzolsulfonamid vorliegt (27). Das reaktive I$^+$ kann an verschiedenen Reaktionsstellen der Aminosäuren angreifen: an den ortho-Positionen des Tyrosins und an den beiden Imidazolkohlenstoffen im Histidin. Der Vorteil der IODO-BEADS liegt darin, dass das auf einer Polystyrol-Perle immobilisierte Oxidationsmittel und die Reaktionslösung einfach durch abnehmen der Lösung getrennt werden können, wodurch die Reaktion gestoppt werden soll. (29)

In den folgenden Kapiteln soll erörtert werden, welche Labelingbedingungen sich gut für die Detektion von Proteinen mit LA-ICP-MS nach Trennung durch SDS-PAGE und Semi-Dry-Blotting eignen. In der Arbeit von Tsomides und Eisen wurden bereits verschiedene Proteine untersucht. (31) Die Autoren konnten zeigen, dass Tyrosin in einem pH-Bereich von sechs bis sieben iodiert wird, während ein pH-Bereich von acht bis neun benötigt wird, um Histidin zu markieren (s. auch Abbildung D-24). In Kapitel D.2.4 werden diese Bindungsstellen zudem mit eigenen ESI-MS-Untersuchungen belegt.

In den verschiedenen Kapiteln wird auch ein Vergleich zum Labeling mit SCN-DOTA(Ln) gezogen.

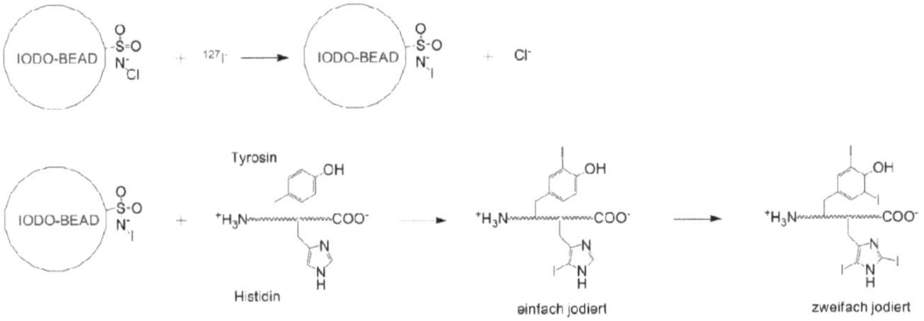

Abbildung D-23: Reaktionsschema für die Proteinderivatisierung mit IODO-BEADS. Die Polystyrol-Perlen enthalten an der Oberfläche immobilisiertes N-Chlor-Benzolsulfonamid. Dieses kann in wässrigen Lösungen mit NaI eine reaktive Spezies formen, welche dann Tyrosin- und Histidinreste in Proteinen iodiert. (29)

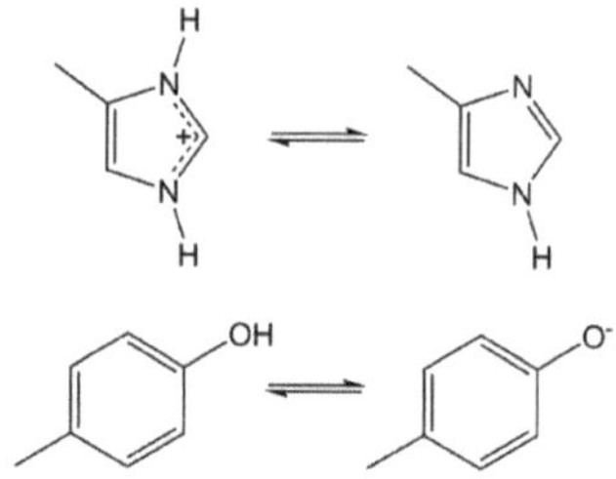

D Ergebnisse und Diskussion

Abbildung D-24: pK$_s$-Werte von Histidin und Tyrosinresten in Proteinen. (4)

D.2.1.1 Optimierung der Reaktionsbedingungen

Der Hersteller der IODO-BEADS (PIERCE) empfiehlt, die Reaktionszeit für jede Probenart individuell zu testen. Typische Werte liegen zwischen 2 und 15 min. In den folgenden Experimenten wird ein pH von sieben gewählt, da dieser vom Hersteller ebenfalls empfohlen wird. Für das Experiment wurden 500 µg BSA derivatisiert und Zeiten von 2 – 30 min gewählt. Die Ergebnisse sind in Abbildung D-25 dargestellt. Abbildung D-25A zeigt die Verteilung der ^{127}I$^+$-Intensitäten der iodierten BSA-Proben gemessen mit LA-ICP-MS nach SDS-PAGE und Blotting auf eine NC-Membran. In Abbildung D-25B ist das CBB gefärbte Kontrollgel gezeigt. Dieses ist nötig, um eine mögliche Proteindegradation nachzuweisen, welche durch verschmierte Proteinbanden zu identifizieren wäre. Dieses Phänomen ist jedoch nicht zu beobachten. Da lange Reaktionszeiten keinen besonders positiven Einfluss auf die gemessenen Intensitäten haben, wird eine Zeit von 4 min für die folgenden Experimente als ausreichend angesehen.

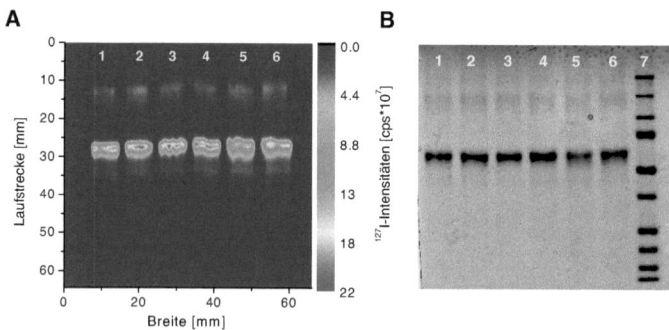

Abbildung D-25: A: Intensitätsverteilung von ^{127}I$^+$ für 15 pmol (1 µg) BSA pro Spur. Für die Iodierung wurden verschiedene Reaktionszeiten gewählt. Spur 1 – 3: 4 min (Peakfläche 2,98·10^9 cps, 2,95·10^9 cps, 2,93·10^9 cps); Spur 4: 2 min (Peakfläche 2,90·10^9 cps); Spur 5: 10 min (Peakfläche 3,00·10^9 cps); Spur 6: 30 min (Peakfläche 3,00·10^9 cps). **B:** CBB gefärbtes Kontrollgel mit iodiertem BSA. Spur 1 – 3: 4 min; Spur 4: 2 min; Spur 5: 10 min; Spur 6: 30 min; Spur 7: MW-Marker.

D Ergebnisse und Diskussion

D.2.1.2 Reproduzierbarkeit und Nachweisgrenzen

Um die Reproduzierbarkeit der Labelingmethode zu prüfen, wurde BSA dreimal unter gleichen Bedingungen (4 min, RT) mit IODO-BEADS derivatisiert und die Proben mittels LA-ICP-MS detektiert (s. Abbildung D-25A). Aus dem Mittelwert der Peakflächen ($2,95 \cdot 10^9$ ± 0,02 cps) wird eine relative Standardabweichung von 1 % erhalten. Dieses Ergebnis ist außergewöhnlich gut und bezeugt dem Labeling mit IODO-BEADS eine gute Reproduzierbarkeit. Zum Vergleich: Das Labeling mit SCN-DOTA(Ln) weist eine RSD von 37 % auf (s. Kapitel D.1.1.2). Die Iodierung ist in ihrer Durchführung wesentlich einfacher und benötigt nur einen Aufreinigungsschritt (Ultrafiltration). Dagegen sind beim Labeling mit SCN-DOTA(Ln) zwei Reaktionsschritte (1. Bildung des Chelatkomplexes; 2. Bindung an das Protein) und einige unterschiedliche Aufreinigungsschritte nötig (SPE-Säule, PD10-Säule, Ultrafiltration), die einen reproduzierbaren Ablauf erschweren.

Im nächsten Experiment wurden der lineare dynamische Bereich sowie die untere Nachweisgrenze bestimmt. Dafür wurde BSA (500 µg) unter Standardbedingungen (4 min, RT) mittels IODO-BEADS markiert und verschiedene Stoffmengen (0,015, 0,15, 1,5, 7,6, 15 pmol) auf ein Gel geladen. In Abbildung D-26 sind die Elektropherogramme der verschiedenen Spuren nach SDS-PAGE, Blotting und LA-ICP-MS gezeigt. Die starken Signale bei ca. 22 mm können dem iodierten BSA zugeordnet werden. Die schwachen Peaks bei ca. 10 mm entsprechen dem BSA-Dimer. Die geringste Stoffmenge mit einem Wert von 0,015 pmol kann nicht mehr eindeutig vom Untergrund ($2,0 \cdot 10^6$ cps) unterschieden werden. Dieser hohe Untergrund-Wert limitiert somit den dynamischen Bereich auf nur drei Größenordnungen. Das S/N-Verhältnis für 1,5 pmol iodiertes BSA liegt bei 114.

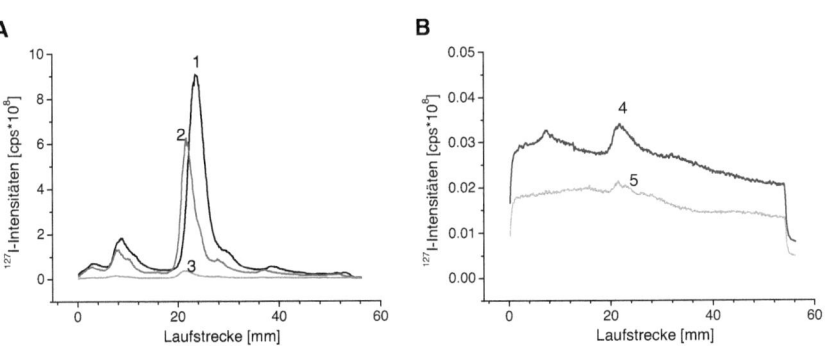

Abbildung D-26: A: Elektropherogramme der $^{127}I^+$-Intensitäten einer Verdünnungsreihe von iodiertem BSA nach LA-ICP-MS-Detektion. Linie 1: 15 pmol; Linie 2: 7,6 pmol; Linie 3: 1,5 pmol; Linie 4: 0,15 pmol; Linie 5: 0,015 pmol. **B:** 0,5 % $^{127}I^+$-Intensität von Abbildung D-26A.

D Ergebnisse und Diskussion

Dagegen konnte für das Lanthanidlabeling von BSA mit einem 100-fachen Übeschuss an SCN-DOTA(Eu) ein S/N-Wert von $1,18 \cdot 10^3$ (1,5 pmol BSA in der Probenspur) erreicht werden (s. auch Kapitel D.1.1.5). Der Untergrund ist bei der Bestimmung iodierter Proteine mit LA-ICP-MS auf Blotmembranen um einen Faktor zehn höher als bei der Detektion über Lanthanide. Ein Grund für den hohen Untergrund und die daraus resultierenden Nachweisgrenzen kann in dem hohen Iodüberschuss liegen, der für die Proteinmarkierung eingesetzt wird. Der Überschuss an I_2 beträgt bei einer eingesetzten Menge von 500 µg (7 nmol) BSA ca. 160.

Die Regressionsgerade ($y = 3,0 \cdot 10^9 x + 4,0 \cdot 10^7$) aus den vier übrig gebliebenen BSA-Werten (0,2, 1,5, 7,6, 15 pmol) und deren integrierten Peakflächen zeigt mit $R^2 = 0,9871$ eine gute Linearität. Von dieser Kalibrierung ausgehend, kann eine Nachweisgrenze von 0,15 pmol berechnet werden.

D.2.1.3 Derivatisierung ausgewählter Proteine

In den folgenden Experimenten wurden drei verschiede Proteine, BSA, Pepsin und Lysozym, mit IODO-BEADS derivatisiert, mit SDS-PAGE „getrennt" und auf eine Membran geblottet. Die Reaktionszeit betrug 4 min bei RT. Die $^{127}I^+$-Intensitätsverteilung für 22,5 pmol iodiertes BSA und 105 pmol iodiertes Lysozym ist in Abbildung D-27 und in Kombination mit iodiertem Pepsin (43,3 pmol) in Abbildung D-28 gezeigt.

Protein	MW [kDa]	Anzahl Tyrosinreste	Anzahl Histidinreste	*UniProt*-Nr.
Lysozym	14,3	3	1	P00698
β-Casein	25,1	4	5	P02666
Pepsin	34,6	17	3	P00791
BSA	66,4	21	15	P02769

Tabelle D-11: Details zu den eingesetzten Proteinen. Die Anzahl der Histidin- und Tyrosinreste stammt aus der UniProt-Datenbank (www.pir.uniprot.org).

In Abbildung D-27 werden absolute Intensitäten von bis zu $8 \cdot 10^7$ cps in den Spots detektiert. Die integrierten und untergrundkorrigierten Peakflächen ergeben für BSA $1,72 \cdot 10^9$ cps und für Lysozym $1,68 \cdot 10^9$ cps. Obwohl die Stoffmenge an Lysozym auf der Blotmembran um einen Faktor 4,7 höher ist, zeigen beide Proteine ähnliche integrierte Intensitäten. D.h. die beiden unterscheiden sich signifikant in der Anzahl der Label pro Molekül, welche beim BSA höher sind (s. Tabelle D-11).

In Abbildung D-28 erreichen sowohl die absolute Intensität ($2 \cdot 10^8$ cps) wie auch die integrierten Peakflächen (BSA: $9,5 \cdot 10^9$ cps; Pepsin: $3,1 \cdot 10^9$ cps) wesentlich höhere Werte als in Abbildung D-27. In diesem Fall, weisen beide Proteine eine ähnliche Anzahl an

D Ergebnisse und Diskussion

Tyrosinresten auf (s. Tabelle D-11) jedoch unterscheiden sie sich stark in der Anzahl der Histidingruppen, welche für BSA höher ist. Das Verhältnis der maximalen Anzahl an Label pro Protein BSA zu Pepsin ist 0,56 und etwa gleich dem Verhältnis des Labelinggrades (Pepsin: 10,1; BSA: 17,4 (Bestimmung mit TXRF, s. auch C.4.4)).

Am Beispiel BSA kann sehr gut gezeigt werden, dass der reale Labelinggrad mit 17,4 stark von der theoretisch möglichen Anzahl Label abweicht. BSA besitzt 21 Tyrosin- und 15 Histidingruppen, die zusammen 72 mögliche Bindungsstellen für die Derivatisierung mit Iod aufweisen (Jeder Rest besitzt zwei Reaktionsstellen). Es kann angenommen werden, dass überwiegend Aminosäuren an der Proteinoberfläche derivatisiert werden. Dennoch ist ein Labelinggrad von 17 im Vergleich zur Markierung mit SCN-DOTA(Ln) sehr hoch und erreicht sehr gute Intensitäten in der LA-ICP-MS. Zudem wird dieser hohe Labelinggrad bereits nach kurzer Reaktionszeit (4 min) erreicht.

Des Weiteren wurde die Derivatisierung von BSA mit IODO-BEADS für 4 min auf Eis durchgeführt, was zu einer 10 % niedrigeren Labelinggrad-Ausbeute führte. Diese reicht dennoch aus, um gute Intensitäten in der LA-ICP-MS zu erzielen. Die Derivatisierung auf Eis könnte besonders bei der Markierung von Antikörpern eine Option sein, um den oxidativen Stress während der Iodierung zu reduzieren und die spezifischen Bindungseigenschaften des Antikörpers nicht zu gefährden.

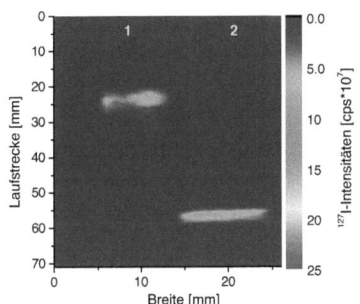 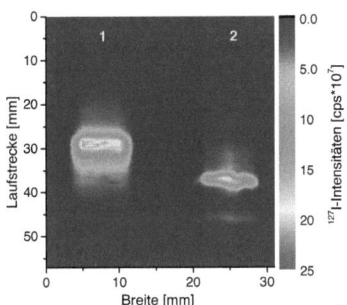

Abbildung D-27: $^{127}I^+$-Intensitätsverteilung nach LA-ICP-MS. Die Proteine wurden nach der Derivatisierung mit IODO-BEADS (4 min; RT) und SDS-PAGE auf eine NC-Membran überführt. Spur 1: 22,5 pmol (1,5 µg) iodiertes BSA; Spur 2: 105 pmol (1,5 µg) iodiertes Lysozym.

Abbildung D-28: $^{127}I^+$-Intensitätsverteilung nach LA-ICP-MS. Die Proteine wurden nach der Derivatisierung mit IODO-BEADS (4 min, RT) und SDS-PAGE auf eine NC-Membran überführt. Spur 1: 22,5 pmol (1,5 µg) iodiertes BSA; Spur 2: 43,3 pmol (1,5 µg) iodiertes Pepsin.

Im Folgenden soll noch einmal auf die Unterschiede in den absoluten Intensitäten der beiden Abbildungen eingegangen werden. Die maximale Intensität der BSA-Bande in

Abbildung D-27 und Abbildung D-28 unterscheidet sich etwa um einen Faktor drei und ist damit sehr hoch verglichen mit der „internen" Genauigkeit, die auf einer einzelnen Blotmembran erreicht wurde. Es soll an dieser Stelle darauf hingewiesen werden, dass dieser Unterschied nur auf die verschiedenen Bedingungen für die Laserfokussierung während der beiden Messungen zurückzuführen ist. Deshalb ist auch in Zukunft für quantitative Bestimmungen ein interner Standard notwendig.

D.2.2 Derivatisierung von Antikörpern mit IODO-BEADS

Für die folgenden Experimente wurde das Modellsystem Anti-Casein und β-Casein ausgewählt. In den ersten Westernblot-Experimenten, mit unter Standardbedingungen (4 min, RT) iodierten Antikörpern, traten jedoch unspezifische Banden in der LA-ICP-MS-Detektion auf, die anderen Proteinen als dem eigentlich zu identifizierenden Antigen Casein zugeordnet werden mussten. Auch die Iodierung des Antikörpers auf Eis brachte keine Verbesserung (s. Abbildung D-29). In der Markerspur von Abbildung D-29 wurden verschiedene Proteinbanden detektiert, obwohl diese Probe kein Casein enthält. Die stärksten Signale liefern Lysozym, bei einer Laufstrecke von ca. 60 mm (int. Fläche $3,46 \cdot 10^7$ cps), und Phosphorylase, bei ca. 17 mm (int. Fläche $7,44 \cdot 10^6$ cps). Wesentlich schwächer fallen dagegen die Banden der Antigen-Verdünnungsreihe in Spur zwei bis fünf aus: 1 µg β-Casein, $4,99 \cdot 10^6$ cps; 0,5 µg β-Casein, $5,20 \cdot 10^6$ cps; 0,1 µg β-Casein, $8,21 \cdot 10^5$ cps; 0,05 µg β-Casein, $8,40 \cdot 10^5$ cps. Die Casein-Banden treten aufgrund des hohen Lysozymsignals in den Hintergrund, obwohl diese mit dem iodierten Anti-Casein spezifisch nachgewiesen werden sollten und die Hauptsignale darstellen müssten. Dieses Resultat kann verschiedene Ursachen haben.

Um auszuschließen, dass der Antikörper generell unspezifisch bindet wurde ein weiterer Teil der Antikörperlösung mit SCN-DOTA(Tb) derivatisiert und im Westernblot getestet. Die Intensitätsverteilung ist in Abbildung D-30 gezeigt. Hier sind nur Proteinbanden in den Spuren der Verdünnungsreihe zu beobachten, die Casein-Modifikationen zugeordnet werden können. Wie bereits in Kapitel D.1.3.8 ist das anti-Casein gegen mehrere Casein-Modifikationen gerichtet.

Das Problem der starken unspezifischen Signale in Abbildung D-29 kann also entweder durch die Bindung von freiem Iod/Iodid direkt an Proteine oder durch Degradierung des Antikörpers während der Derivatisierung mit den IODO-BEADS verursacht werden. Dies hätte zur Folge, dass Antikörper-Fragmente unspezifisch binden könnten. Wenn letzteres die Ursache ist, müssten die unspezifischen Banden auch in einer Chemilumineszenz-Messung zu beobachten sein, in der iodiertes Anti-Casein als

D Ergebnisse und Diskussion

Primärantikörper verwendet wird. Der Sekundärantikörper (Peroxidase konjugiertes Anti-IgG) sollte dann auch an mögliche Antikörperfragmente binden und diese nachweisen. In Abbildung D-31 ist das Ergebnis dieses Experimentes gezeigt und auch hier sind keine unspezifischen Proteinbanden in Spur eins zu beobachten.

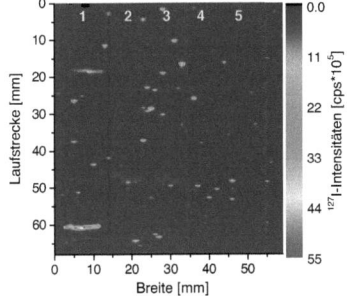

Abbildung D-29: $^{127}I^+$-Intensitätsverteilung gemessen mit LA-ICP-MS nach Westernblot ($c_{Antikörper}$ = 1 µg/ml in 10 ml PBS-T) mit iodmarkiertem Anti-Casein (IODO-BEADS, auf Eis). Spur 1: IMW-Marker (enthält Phosphorylase b, BSA, Ovalbumin, Carbonic Anhydrase, Soybean Trypsin und Lysozym); Spur 2: 1 µg (40 pmol) β-Casein; Spur 3: 0,5 µg (20 pmol) β-Casein; Spur 4: 0,1 µg (4 pmol) β-Casein; Spur 5: 0,05 µg (2 pmol) β-Casein.

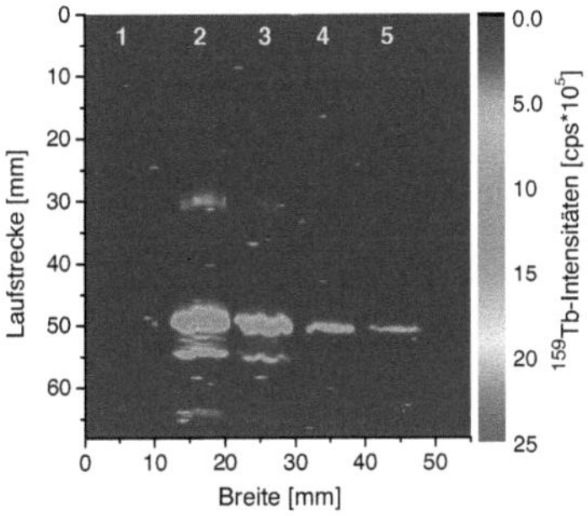

Abbildung D-30: $^{159}Tb^+$-Intensitätsverteilung gemessen mit LA-ICP-MS nach Westernblot mit SCN-DOTA(Tb)-Anti-Casein ($c_{Antikörper}$ = 1 µg/ml in 10 ml PBS-T). Spur 1: IMW-Marker; Spur 2: 1 µg (40 pmol) β-Casein; Spur 3: 0,5 µg (20 pmol) β-Casein; Spur 4: 0,1 µg (4 pmol) β-Casein; Spur 5: 0,05 µg (2 pmol) β-Casein.

Im nächsten Experiment wurde der Labelingmethode ein weiterer Aufreinigungsschritt zugefügt. Mit einer Midi-Trap-Säule (GE Healthcare) soll mögliches überschüssiges Iod/Iodid effektiver aus der Probe entfernt werden. Die Antikörperlösung wurde nach der Reaktion mit IODO-BEADS auf die Säule gegeben und mit Tris-Puffer eluiert. Danach erfolgte die Ultrafiltration mit drei Waschschritten und Aufkonzentrierung der Probe. Auch diese Antikörpercharge wurde im Westernblot getestet und mit LA-ICP-MS detektiert. Das Ergebnis ist in Abbildung D-32 gezeigt. In der Markerspur konnten keine Proteinbanden identifiziert werden. Dagegen wurden in Spur zwei bis fünf Antigenbanden detektiert. D.h. die unspezifischen Proteinbanden in der Markerspur können wahrscheinlich auf freies Iod/Iodid zurückgeführt werden, welches an einige Proteine direkt bindet/anlagert.

D Ergebnisse und Diskussion

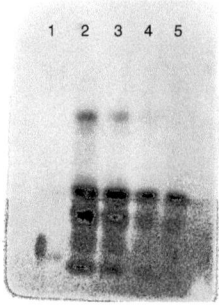
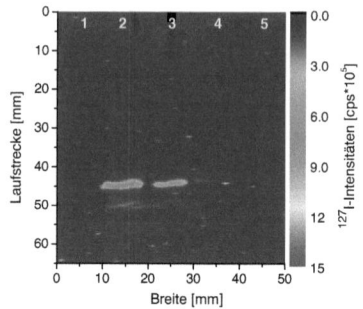

Abbildung D-31: Chemilumineszenz-Detektion nach Westernblot mit iodiertem Anti-Casein (IODO-BEADS) als Primärantikörper ($c_{Antikörper}$ = 1 µg/ml in 10 ml PBS-T) und Peroxidase konjugiertem Anti-IgG als Sekundärantikörper (Verdünnung 1:3000 in PBS-T). Spur 1: IMW-Marker; Spur 2: 1 µg (40 pmol) β-Casein; Spur 3: 0,5 µg (20 pmol) β-Casein; Spur 4: 0,1 µg (4 pmol) β-Casein; Spur 5: 0,05 µg (2 pmol) β-Casein.

Abbildung D-32: $^{127}I^+$-Intensitätsverteilung gemessen mit LA-ICP-MS nach Westernblot ($c_{Antikörper}$ = 1 µg/ml in 10 ml PBS-T) mit iodmarkiertem Anti-Casein (IODO-BEADS + Reinigung mit Midi-Trap-Säule). Spur 1: IMW-Marker; Spur 2: 1 µg (40 pmol) β-Casein; Spur 3: 0,5 µg (20 pmol) β-Casein; Spur 4: 0,1 µg (4 pmol) β-Casein; Spur 5: 0,05 µg (2 pmol) β-Casein.

Um zu prüfen, ob Iodid oder Iod auch in Abwesenheit eines Oxidationsmittels an Proteine bindet wurden folgende Experimente durchgeführt. Die Proteine BSA, β-Casein, Lysozym und Cytochrom C wurden gelöst (1 mg/ml) und 50 µl mit je 50 mM Kaliumiodidlösung oder mit je 50 mM Kaliumtriiodidlösung gemixt (je 1 µl bzw. 4 µl) und für 1 h bei RT inkubiert. Die Reaktion wurde mit 10 µl 50 mM Natriumdithionitlösung gestoppt. Die Proben wurden mittels SDS-PAGE getrennt, auf eine NC-Membran überführt und mittels LA-ICP-MS detektiert. Abbildung D-33A und B zeigen, dass mit allen vier Proteinen Iodsignale nach der Behandlung mit KI_3 zu beobachten sind. Dagegen zeigt die Behandlung mit KI keine iodierten Proteinbanden in der LA-ICP-MS. Es kann also gefolgert werden, dass sich in der IODO-BEADS-Reaktionslösung vermutlich auch reaktives I_2 befindet, das langzeitstabil ist und auch in Abwesenheit von Oxidationsmitteln in der Lage ist Proteine zu iodieren. Dies wird in Kapitel D.2.3 weiter verfolgt, um zu prüfen ob sich KI_3 unter kontrollierten Reaktionsbedingungen ebenfalls als Labelingreagenz eignet.

D Ergebnisse und Diskussion

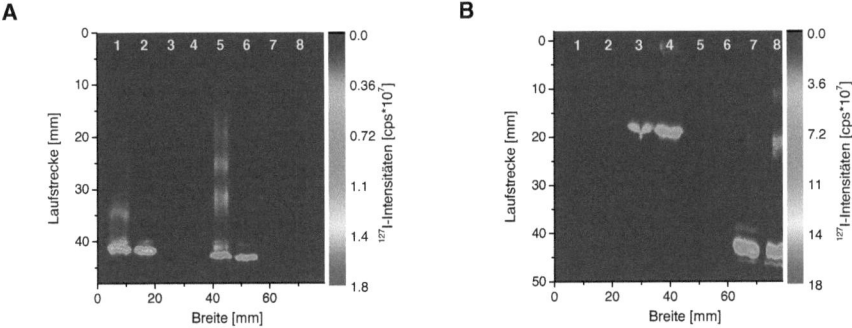

Abbildung D-33: A: LA-ICP-Massenspektrum. Lysozym und Cytochrom C wurden mit KI- und mit KI$_3$-Lösung inkubiert, mittels SDS-PAGE getrennt und auf NC-Membran überführt. Spur 1, 2: 5 µg Cytochrom C + KI$_3$; Spur 3, 4: 5 µg Cytochrom C + KI; Spur 5, 6: 5 µg Lysozym + KI$_3$; Spur 7, 8: 5 µg Lysozym + KI. **B:** LA-ICP-Massenspektrum. BSA und β-Casein wurden mit KI- und mit KI$_3$-Lösung inkubiert, mittels SDS-PAGE getrennt und auf NC-Membran überführt. Spur 1, 2: 5 µg BSA + KI; Spur 3, 4: 5 µg BSA +KI$_3$; Spur 5, 6: 5 µg β-Casein + KI; Spur 7, 8: 5 µg β-Casein + KI$_3$.

D.2.3 Derivatisierung von Proteinen mit KI$_3$

Die Idee KI$_3$ für die Iodierung von Biomolekülen zu nutzen, entstand durch die Beobachtung der unspezifischen Proteinbanden in Kapitel D.2.2. Hier wurde iodiertes Anti-Casein, welches mit IODO-BEADS derivatisiert wurde, für einen Westernblot genutzt. Allerdings wurde nicht nur das Antigen detektiert, sondern auch Banden, die anderen Proteinen zugeordnet werden konnten. In Abbildung D-33A und B konnte nachgewiesen, dass diese Banden durch die Bindung von freiem Iod ans Protein mit LA-ICP-MS messbar waren.

Frühe Studien zur Proteinmarkierung mit radioaktivem Iod zeigten, dass Iod in wässriger Lösung ein reaktives Ion, H_2OI^+, bilden kann, welches in der Lage ist Tyrosin und Histidinreste zu modifizieren. (29) Dies könnte ein möglicher Reaktionsmechanismus für die Iodierung von Proteinen mit KI$_3$-Lösung sein. Allerdings wurde in diesen Studien auch die Derivatisierung von SH-Gruppen beobachtet. (29) Die Derivatisierung von Aminosäureresten mit KI$_3$ sollte durch die Zugabe von $Na_2S_2O_3$ gezielt gestoppt werden können. Das Reagenz, welches normalerweise in der Iodometrie Anwendung findet, fängt die Iodmoleküle ab und unterbindet so die Reaktion mit den Aminosäuren. Der gesamte mögliche Reaktionsmechanismus ist in Abbildung D-34 zusammengefasst.

Die folgenden Versuche wurden in Kooperation mit der Arbeitsgruppe von PD Dr. P. H. Roos (IfADo) durchgeführt.

D Ergebnisse und Diskussion

1) $I_3^- \rightleftharpoons I_2 + I^-$

$I_2 + H_2O \rightleftharpoons H_2OI^+ + I^-$

2) Tyrosin / Histidin $\xrightarrow{H_2OI^+}$ einfach jodiert $\xrightarrow{H_2OI^+}$ zweifach jodiert

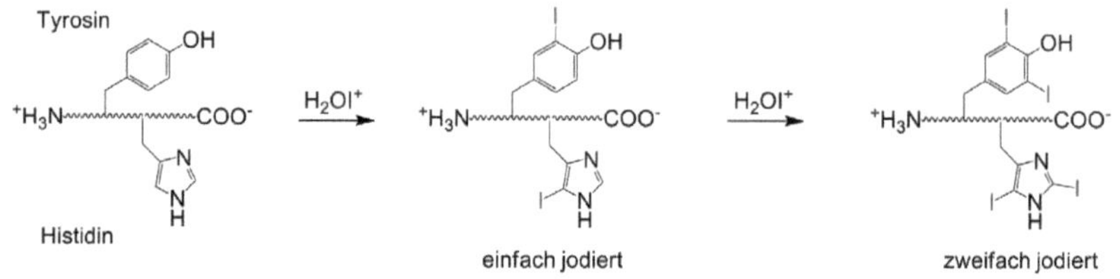

3) $I_2 + 2 S_2O_3^{2-} \longrightarrow 2 I^- + S_4O_6^{2-}$

Abbildung D-34: Möglicher Reaktionsmechanismus für die Iodierung von Proteinen mit KI_3-Lösung. **1**: In wässriger Lösung reagiert das I_3^- in einer Gleichgewichtsreaktion zur reaktiven H_2OI^+ Spezies. **2**: Iodierung von Tyrosin- und Histidingruppen mit H_2OI^+. (29) **3**: Iod reagiert mit Thiosulfat zu Tetrathionat.

D.2.3.1 Konzentrationsabhängigkeit

Um die Konzentrationsabhängigkeit zu untersuchen wurde BSA mit verschiedenen Stoffmengen KI_3 bei RT inkubiert. Zu 40 µl BSA (c = 1 mg/ml) wurden je 4 µl unterschiedlich konzentrierter KI_3-Lösungen (6,25 mM, 12,5 mM, 25 mM, 50 mM) pipettiert. Die Inkubationszeiten betrugen 5 und 10 min. Danach wurde die Reaktion mit 10 µl 50 mM $Na_2S_2O_4$-Lösung gestoppt und die Proben wurden direkt für die SDS-PAGE vorbereitet. Das Balkendiagramm in Abbildung D-35 fasst die integrierten Peakflächen der iodierten BSA-Banden nach LA-ICP-MS Detektion zusammen. Generell zeigen die Proben mit 5 min Inkubationszeit höhere $^{127}I^+$-Intensitäten als die Proben mit 10 min Inkubationszeit. Zudem steigen die Intensitäten und damit der Iodierungsgrad mit steigender KI_3-Konzentration. Dies zeigt, dass die Reaktion von KI_3 mit BSA durch äußere Bedingungen, wie Reaktionszeit und stöchiometrisches Verhältnis der Reaktionspartner, beeinflusst werden kann.

D Ergebnisse und Diskussion

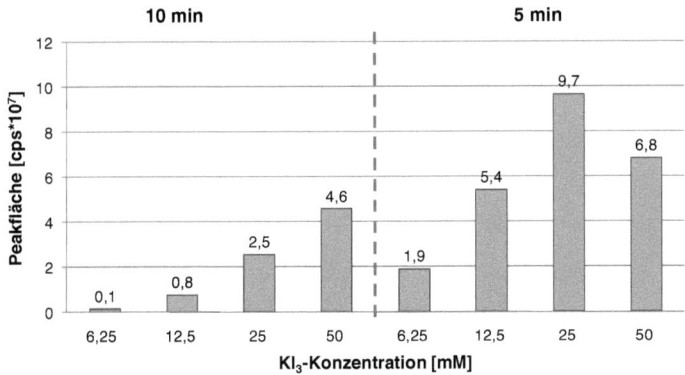

Abbildung D-35: Das Balkendiagramm fasst die integrierten Peakflächen der mit KI$_3$ modifizierten BSA-Proben nach SDS-PAGE, Blotting und Detektion mit LA-ICP-MS zusammen. BSA wurde mit unterschiedlich konzentrierten KI$_3$-Lösungen für 10 und 5 min bei RT inkubiert. Für die SDS-PAGE wurden 4 µg iodiertes BSA aufgetragen.

D.2.3.2 Reaktionszeit

Im folgenden Experiment wurde die Kinetik der Proteiniodierung mit KI$_3$ für kurze Reaktionszeiten geprüft. Dafür wurden in einer Mischung BSA und β-Casein mit 50 mM KI$_3$-Lösung inkubiert. Die gewählten Reaktionszeiten sind 0 s, 10 s, 20 s, 40 s, 1 min, 2 min, 3 min, 5 min. Die Reaktionen wurden mit 50 mM Na$_2$S$_2$O$_4$-Lösung gestoppt und die Proben wurden direkt für die SDS-PAGE vorbereitet. Im Falle der Reaktionszeit 0 s wurde die Na$_2$S$_2$O$_4$-Lösung zuerst zum Protein gegeben, danach erfolgte die Zugabe von KI$_3$. Das Diagramm in Abbildung D-36 fasst die integrierten Peakflächen der iodierten BSA-Banden nach LA-ICP-MS Detektion zusammen. Für beide Proteine ist eine Zunahme der ^{127}I$^+$-Intensitäten mit steigender Reaktionszeit zu beobachten. Die Peakflächen des β-Casein sind um einen Faktor drei höher als die Peakflächen des BSA. In der Mischung wurden je 3 µg Protein für die SDS-PAGE eingesetzt. Dies entspricht 45 pmol BSA und 120 pmol β-Casein, so dass das β-Casein mit einer etwa dreimal höheren Stoffmenge eingesetzt wurde. Allerdings weist das BSA mit 21 Tyrosin- und 15 Histidinresten (die Bindungsstellen des Iods werden in Kapitel D.2.4 belegt) erheblich mehr theoretisch zur Verfügung stehende Bindungsstellen auf als das β-Casein auf (4 Tyrosine; 5 Histidine). Dieses Experiment belegt also, dass die Markierung von Proteinen mit KI$_3$ von der tertiären Struktur und der Aminosäuresequenz des Proteins abhängig ist. Zudem sind keine Banden nach 0 s Reaktionszeit zu identifizieren, so dass die Reaktion durch Zugabe von Na$_2$S$_2$O$_4$ gezielt gestoppt werden konnte.

D Ergebnisse und Diskussion

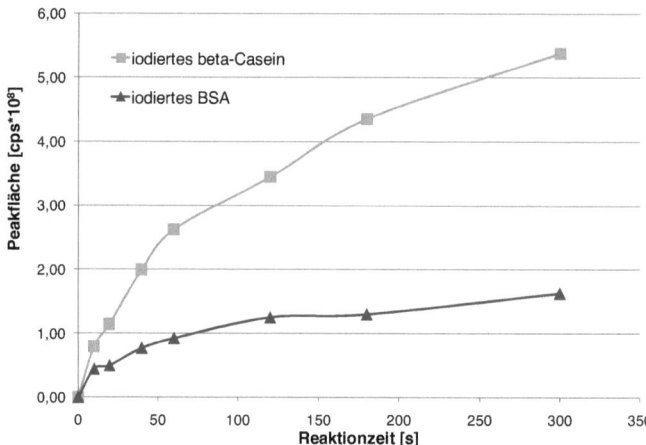

Abbildung D-36: Das Diagramm fasst die integrierten Peakflächen der mit KI$_3$ modifizierten Mischung aus BSA und β-Casein nach SDS-PAGE, Blotting und Detektion mit LA-ICP-MS zusammen. Die Mischung wurde mit 50 mM KI$_3$-Lösung bei RT mit variierenden Inkubationszeiten derivatisiert. Die Reaktionen wurden mit 50 mM Na$_2$S$_2$O$_4$-Lösung gestoppt. Für die SDS-PAGE wurden je 3 µg Protein (45 pmol BSA; 120 pmol β-Casein) aufgetragen.

D.2.4 ESI-MS-Untersuchungen am iodiertem Lysozym nach Derivatisierung mit IODO-BEADS und KI$_3$

Um zu prüfen, ob die Derivatisierung mit KI$_3$ an denselben Aminosäuren im Protein erfolgt, wie bei der Iodierung von Proteinen mit IODO-BEADS, wurde Lysozym sowohl mit KI$_3$ wie auch mit IODO-BEADS umgesetzt. Die Reaktionszeiten betrugen je zwei und vier Minuten für beide Verfahren. Die Bedingungen wurden so gewählt, dass in beiden Experimenten die gleiche Stoffmenge Iod zur Verfügung stand. Anschließend wurden die Proben nebeneinander mittels SDS-PAGE „getrennt", um überschüssiges Iod/Iodid zu entfernen. Dann wurden die CBB gefärbten Proteinbanden aus dem Gel geschnitten und tryptisch verdaut. Die Peptidsequenzen wurden mittels LC-MS/MS untersucht (s. auch Anhang F.5).

Als erstes Ergebnis kann festgehalten werden, dass ein vollständiger tryptischer Verdau aller iodierten Proben möglich ist. Dies zeigt, dass das Label die enzymatische Spaltung des Proteins an den Carboxylenden von Lysin und Arginin nicht behindert wie es beim Labeling mit SCN-DOTA(Ln) der Fall ist (3). Mit ausgewählten Peptiden wurden MS/MS-Experimente mit kollisionsinduzierter Dissoziation (CID) in einer Quadrupol-Ionenfalle durchgeführt, um die genaue Position des Iodlabels zu prüfen. Sowohl bei der Derivatisierung mit KI$_3$ als auch mit IODO-BEADS wurden ein- und zweifach gelabelte Tyrosin- und Histidinreste identifiziert. Es konnte allerdings kein vierfach iodiertes Peptid identifiziert werden. Zudem wurde kein derivatisiertes Phenylalanin oder Cystein gefunden.

Des Weiteren zeigen die CID-Experimente, dass Oxidationsprodukte vorliegen. Der Aminosäurerest Methionin konnte einfach und zweifach oxidiert nachgewiesen werden. Diese Modifikation wurde jedoch auch in der unbehandelten Lysozymprobe nachgewiesen, so dass die Oxidation auch durch den tryptischen Verdau selbst verursacht sein könnte. Eine Oxidation von Aminosäureresten während der Iodierung könnte Einfluss auf die biologische Aktivität z.B. von Antikörpern haben, wenn bestimmte, sensitive Aminosäurereste wie das Methionin, Tryptophan oder Cystein oxidiert werden und so das Bindungszentrum des Antikörpers beeinträchtigt wird. (6)

Um eine quantitative Aussage treffen zu können, wurden die verschiedenen Ladungszustände des jeweiligen Peptids, die im gemessenen Massenbereich liegen, addiert (= Peakfläche). Es wurde mit einem Massenfenster von 20 ppm um die theoretisch gemessene Masse quantifiziert. Die Summe aller Peakflächen eines Peptids entspricht 100 %. Im Diagramm ist der prozentuale Anteil der iodierten und nicht iodierten Peptide dargestellt.

Betrachtet man die Balkendiagramme in Abbildung D-37 wird deutlich, dass der Iodierungsgrad im Falle des Derivatisierung mit KI_3 wesentlich höher ist als bei Anwendung der IODO-BEADS. Zudem überwiegt bei den Peptidsequenzen HGLDNYR und NTDGSTDYGILQINSR das nicht iodierte Peptid mit prozentualen Anteilen von 50 % und höher.

Im Fall des Peptids GYSLGNWVCAAK dagegen überwiegt das zweifach iodierte Peptid mit einem Anteil von 82 % für eine Reaktionszeit von 2 min und 91 % für 4 min für die Iodierung mit KI_3. Wird Lysozym dagegen mit IODO-BEADS derivatisiert, liegen die Anteile der iodierten Peptide unter 20 %.

Zusammenfassend kann festgestellt werden, dass für die ICP-MS-Analytik die Proteinmarkierung mit KI_3 eine schnelle, schonende und preiswerte Alternative zur Iodierung mit IODO-BEADS darstellt. Zudem können mit ihr höhere Labelinggrade erzielt werden.

D Ergebnisse und Diskussion

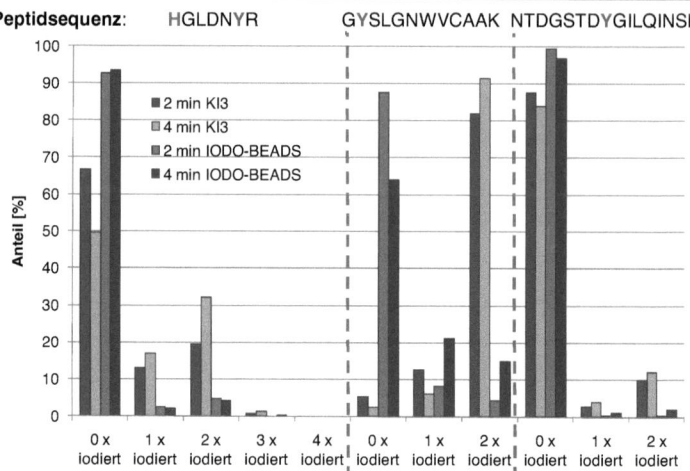

Abbildung D-37: Vergleich des Iodierungsgrades für die Derivatisierung mit KI_3 und IODO-BEADS in Abhängigkeit zweier Reaktionszeiten (2 min, 4 min). Zunächst wurden alle detektierten Ladungszustände eines Peptids für die Quantifizierung addiert (= Peakfläche). Es wurde mit einem Massenfenster von 20 ppm um die theoretisch gemessene Masse quantifiziert. Die Summe aller Peakflächen eines Peptids entspricht 100 %. Im Diagramm ist der prozentuale Anteil der iodierten und nicht iodierten Peptide dargestellt.

D.2.5 Iodierung eines Gesamtproteoms mit IODO-BEADS und KI_3

In den folgenden Experimenten werden Lebermikrosomen von mit 3-Methycholanthren (3MC) behandelten Ratten sowohl mit IODO-BEADS wie auch mit KI_3 derivatisiert. Es soll der Einfluss der Iodierungskinetik auf das Proteom untersucht werden. Des Weiteren wird der Einfluss der Iodierung des Antigens auf die Antikörperbindung am Beispiel Anti-CYP1A1 geprüft. Mehr Informationen zu den Mikrosomenproben, der Behandlung mit 3MC und den Besonderheiten von CYP sind in Kapitel D.1.4.1 zusammengefasst.

D.2.5.1 Derivatisierung von Mikrosomen mit IODO-BEADS und KI_3

Die Lebermikrosomen von Ratten wurden unter verschiedenen Reaktionsbedingungen iodiert. Die Durchführung ist in Tabelle D-12 zusammengefasst. Es wurden für beide Methoden Reaktionszeiten von 0 – 10 min gewählt. Nach der Iodierung wurden die Proben direkt für die SDS-PAGE präpariert und dann auf eine NC-Membran überführt.

Versuch	1	2	3	4	5	6	7	8
3MC-Mikrosomen [µl]	60	60	60	60	180			
50 mM Na$_2$S$_2$O$_4$ [µl]	10	-	-	-	-			
Iodierung		4 µl 50 mM KI$_3$-Lösung			45 µl KI-Lösung + 1 IODO-BEAD			
Stoppen der Iodierung	-	Zugabe von 10 µl 50 mM Na$_2$S$_2$O$_4$-Lösung, nach			50 µl Aliquot entnehmen, nach			
Inkubationszeit [min]	0	2	5	10	0	2	5	10
		10 min bei RT inkubieren, dann weiter verarbeiten			Sofort weiter verarbeiten			

Tabelle D-12: Zusammenfassung der Reaktionsbedingungen für die Iodierung von Lebermikrosomen (von mit 3MC behandelten Ratten) mit KI$_3$ und IODO-BEADS. In Versuch 1 wurde zunächst das Reagenz zum stoppen der Iodierung mit KI$_3$ zugegeben, um eine Reaktionszeit von 0 min zu ermöglichen. Nach Beenden der Iodierung wurden die Proben direkt für die SDS-PAGE präpariert.

Abbildung D-38A zeigt das CBB gefärbte Kontrollgel der Elektrophorese. Hier wird bereits deutlich, dass die Reaktionszeit Einfluss auf die mikrosomalen Proteine nimmt. Nach einer Inkubationszeit von 10 min mit IODO-BEADS verändert sich ihr Laufverhalten in der SDS-PAGE dramatisch. Die Färbung der Hauptbanden in der Mitte des Gels ist schwach, im Vergleich zu den anderen Proben. Stattdessen tritt eine starke Färbung in der Probentasche oben im Gel auf; d.h. es konnte nur noch ein geringer Teil der Mikrosomen in dieser Spur elektrophoretisch getrennt werden. Der Großteil ist in der Tasche zurückgeblieben, was auf eine Degradierung der Probe hindeutet. Die Verteilung der ^{127}I$^+$-Intensitäten in der LA-ICP-MS ist in Abbildung D-38B gezeigt. Hier ist zu beobachten, dass sowohl für die Markierung mit KI$_3$ wie auch bei den IODO-BEADS zu Beginn der Reaktion (0 min) kaum bzw. keine iodierten Produkte vorliegen. Die Intensität der Iodsignale nimmt mit steigender Reaktionszeit zu. Im Falle der IODO-BEADS ist die Iodbande der 10-min-Probe wieder etwas schwächer, was mit der Beobachtung aus dem CBB gefärbten Kontrollgel übereinstimmt. Hier konnten kaum Proteinbanden nachgewiesen werden.

D Ergebnisse und Diskussion

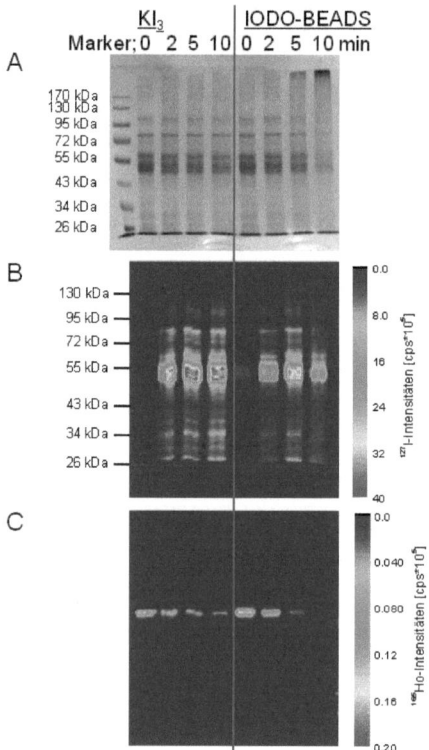

Abbildung D-38: A: CBB gefärbte iodierte Mikrosomenbanden nach SDS-PAGE. **B:** LA-ICP-Massenspektrum. Die $^{127}I^+$-Intensitätsverteilung zeigt die unter verschiedenen Bedingungen iodierten Mikrosomenproben auf der Blotmembran. **C:** LA-ICP-Massenspektrum. Die $^{165}Ho^+$-Intensitäten zeigen die Banden des SCN-DOAT(Ho)-Anti-CYP1A1 nach Westernblot mit den iodierten Mikrosomen. B und C wurden simultan gemessen.

Zum Schluss sollen noch kurz die beiden Färbemethoden CBB-Färbung und Iodierung miteinander verglichen werden. Die CBB-Färbung basiert auf der recht unspezifischen Bindung des Farbstoff Coomassie-Brilliantblau G250 an kationische, nicht-polare, hydrophobe Aminosäuregruppen. Am häufigsten ist die Wechselwirkung mit Arginin, seltener Lysin, Histidin, Tryptophan, Tyrosin und Phenylalanin. (6) Dagegen basiert die „Färbung" der Proteine durch Iod auf einer kovalenten Bindung des Iods mit Tyrosin- und Histidinresten. Deshalb sind die Intensitäten der Proteinbanden in Abbildung D-38A und B auch unterschiedlich, weil verschiedene Aminogruppen an den „Färbungen" beteiligt sind; z.B. sind die Proteinbanden zwischen 43 und 26 kDa im $^{127}I^+$-LA-ICP-Massenspektrum stärker ausgeprägt und definiert als in der CBB-Färbung.

D Ergebnisse und Diskussion

D.2.5.2 Einfluss des Iodlabels am Antigen auf den Nachweis im Westernblot

Im zweiten Teil des Experiments aus Kapitel D.2.5.1 wurde die Membran mit den iodierten Mikrosomen in einem Westernblot verwendet, um den Einfluss der Iodierung auf die Antikörperbindung zu untersuchen. Da durch die Iodierung die Aminosäurereste Tyrosin und Histidin verändert werden und auch Oxidationsprodukte des Methionins mit der ESI-MS nachgewiesen wurden, wäre es möglich, dass diese Veränderungen in Proteinen dessen Epitope für Antikörper beeinflussen und diese nicht mehr ans derivatisierte Antigen binden.

Als Model wurde der Nachweis des Enzyms CYP1A1, welches bekanntermaßen in den Lebermikrosomen von mit 3MC behandelten Ratten vorliegt (s. Kapitel D.1.4.1), gewählt. Zur Detektion wurde ein SCN-DOTA(Ho) markierter monoklonaler Antikörper eingesetzt. Nachdem die iodierten mikrosomalen Proteine auf die NC-Membran überführt wurden, wurde diese im Westernblot für 2 h mit 10 ml Antikörperlösung (0,5 µg/ml SCN-DOTA(Ho)-Anti-CYP1A1) inkubiert. In der folgenden LA-ICP-MS-Untersuchung wurden $^{165}Ho^+$ und $^{127}I^+$ simultan detektiert. Die Intensitätsverteilungen sind in Abbildung D-38B und C gezeigt. Hier ist zu beobachten, dass die Intensitäten der Iodbanden mit steigender Reaktionszeit zunehmen, während die Intensitäten der $^{165}Ho^+$-Banden nachlassen. Die integrierten Peakflächen sind in Tabelle D-13 zusammengefasst und bestätigen diese Tendenz. Es kann also gefolgert werden, dass mit zunehmender Iodierung der Probe das Anti-CYP1A1 schlechter an sein Antigen bindet. Hierfür kann es verschiedene Gründe geben. Das Iod selbst kann die Inaktivierung verursachen, da es den Raum eines Phenylrings einnimmt und damit die Bindungsstelle im Antigen blockieren kann. Des Weiteren können bestimmte empfindliche Aminosäurereste wie Methion aber auch Tryptophan und Cystein während der Derivatisierung oxidiert werden. (6)

Im Fall der 10-min-Probe, die mit IODO-BEADS derivatisiert wurde, konnte gar keine $^{165}Ho^+$-Bande mehr detektiert werden. Hier ist die Degradierung der mikrosomalen Proteine während der Iodierung so hoch, dass kaum noch Proteine durch die SDS-PAGE getrennt und auf die Membran überführt werden konnten. Es sind zwar noch iodierte Proteinbanden mit LA-ICP-MS nachweisbar, die Konzentration des Antigens CYP1A1 reicht aber nicht mehr für einen Antikörpernachweis aus.

Labelingmethode	Reaktionszeit [min]	Peakfläche [cps]	
		$^{165}Ho^+$	$^{127}I^+$
KI$_3$	0	$9{,}77 \cdot 10^4$	$1{,}31 \cdot 10^5$
	2	$4{,}80 \cdot 10^4$	$3{,}42 \cdot 10^7$
	5	$3{,}57 \cdot 10^4$	$7{,}73 \cdot 10^7$
	10	$2{,}80 \cdot 10^4$	$8{,}77 \cdot 10^7$
IODO-BEADS	0	$1{,}25 \cdot 10^5$	$7{,}90 \cdot 10^6$
	2	$7{,}74 \cdot 10^4$	$5{,}34 \cdot 10^7$
	5	$2{,}11 \cdot 10^4$	$6{,}44 \cdot 10^7$
	10	-	$2{,}41 \cdot 10^7$

Tabelle D-13: Integrierte Peakflächen der LA-ICP-Massenspektren aus Abbildung D-38B und C. Die Peakflächen der $^{165}Ho^+$-Intensitäten können dem SCN-DOTA(Ho)-Anti-CYP1A1 zugeordnet werden. Die $^{127}I^+$-Peakfläche entspricht der Summe aller Peakflächen der Proteinbanden einer Spur (bis auf das letzte Signal in der Lauffront).

D.2.6 Derivatisierung von Antikörpern mit KI$_3$

Für die Antikörperderivatisierung mit KI$_3$ wurde das Modellsystem anti-Casein und β-Casein gewählt. Um den Iountergrund zu reduzieren, wurden die iodierten Antikörper mit einer PD-10-Säule und Ultrafiltration gereinigt. Abbildung D-39 zeigt die Detektion von Antigenen mit KI$_3$ iodiertem Anti-Casein und LA-ICP-MS. Wie auch schon bei der Antikörpermarkierung mit IODO-BEADS beobachtet (s. Abbildung D-32), können auch mittels KI$_3$-Derivatisierung alle vier aufgetragenen β-Casein-Mengen (40 pmol, 20 pmol, 4 pmol, 2 pmol) nachgewiesen werden. Der Vorteil von KI$_3$ gegenüber den IODO-BEADS als Labelingreagenz liegt darin, dass auf ein Oxidationsmittel (N-Chlor-Benzolsulfonamid) verzichtet werden kann und so die empfindlichen Antikörper während der Iodierung weniger oxidativem Stress ausgesetzt werden.

D Ergebnisse und Diskussion

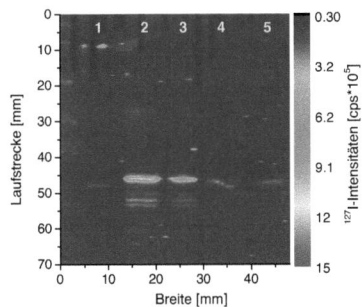

Abbildung D-39: $^{127}I^+$-Intensitätsverteilung (Spike korrigiert) gemessen mit LA-ICP-MS nach Westernblot ($c_{Antikörper}$ = 1 µg/ml in 10 ml PBS-T) mit iodmarkiertem Anti-Casein (KI$_3$). Spur 1: IMW-Marker; Spur 2: 1 µg (40 pmol) β-Casein; Spur 3: 0,5 µg (20 pmol) β-Casein; Spur 4: 0,1 µg (4 pmol) β-Casein; Spur 5: 0,05 µg (2 pmol) β-Casein.

D.2.7 Vergleich von Westernblots mit unterschiedlich markierten Antikörpern und LA-ICP-MS-Detektion sowie Nachweis mittels Chemilumineszenz

Um die verschiedenen Labelingmethoden untereinander sowie mit konventionellen Chemilumineszenz-Detektion zu vergleichen, wurden Anti-Casein und β-Casein als Modellsystem ausgewählt. Dafür wurden für vier Blots mit verschiedenen Stoffmengen β-Casein (40 pmol, 20 pmol, 4 pmol, 2 pmol) mittels SDS-PAGE getrennt, auf eine Membran überführt und mit den unterschiedlich markierten Antikörpern inkubiert. Zudem wurde eine Membran im ersten Schritt mit unmarkiertem Anti-Casein und im zweiten Schritt mit Peroxidase konjugiertem Anti-IgG inkubiert (Chemilumineszenz-Detektion). Die detektierten Peaks wurden integriert und die Peakflächen in Abbildung D-40 zusammengefasst.

Alle drei Labelingverfahren zeigen eine sehr gute Linearität für die Detektion des Antigens mit Anti-Casein (IODO-BEADS, R^2 = 0,9855; KI$_3$, R^2 = 0,9895; SCN-DOTA(Tb), R^2 = 0,9735). Etwas schlechter schneidet die Chemilumineszenz-Detektion mit R^2 = 0,7348 ab. Die berechneten Nachweisgrenzen für dieses Antigen-Antikörper-System betragen für die IODO-BEADS wie auch für die Chemilumineszenz 0,6 pmol und je 0,3 pmol für den Nachweis über SCN-DOTA(Tb) und KI$_3$. Damit ist das Labeling mit KI$_3$ und SCN-DOTA(Tb) um einen Faktor zwei besser im Nachweis von Casein, als die Markierung mit IODO-BEADS oder die Detektion mittels Chemilumineszenz. Aus den theoretischen Nachweisgrenzen konnte für alle vier Methoden ein linear dynamischer Bereich über drei Größenordnungen ermittelt werden.

D Ergebnisse und Diskussion

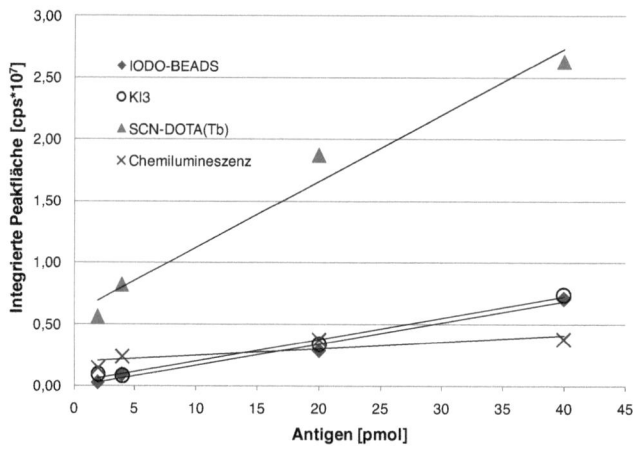

Abbildung D-40: Zusammenfassung der integrierten Peakflächen von vier Westernblots mit Anti-Casein (je 1 μg/ml Antikörper in 10 ml PBS-T), welches mit verschiedenen Labelingmethoden markiert wurde. Als Antigen diente β-Casein in verschiedenen Konzentrationen. Für die Chemilumineszenz wurden unmarkiertes Anti-Casein als Primärantikörper und für die Signalinduktion Peroxidase konjugiertes Anti-IgG als Sekundärantikörper gegen Anti-Casein eingesetzt. $^{127}I^+$ und $^{159}Tb^+$ wurden mit LA-ICP-MS detektiert, die Chemilumineszenz-Messung erfolgte mit dem FLA-5100 Scanner. Regresionsgeraden: IODO-BEADS: $y = 1{,}74 \cdot 10^5 \, x - 1{,}07 \cdot 10^5$; KI_3: $y = 1{,}75 \cdot 10^5 \, x + 2{,}42 \cdot 10^5$; SCN-DOTA(Tb): $y = 5{,}37 \cdot 10^5 \, x + 6{,}00 \cdot 10^6$; Chemilumineszenz: $y = 5{,}47 \cdot 10^4 \, x + 2{,}00 \cdot 10^6$.

Das S/N-Verhältnis liegt für die Chemilumineszenz bei 107. Der höchste Wert mit 217 und damit der geringste Untergrund wird mit dem Nachweis über SCN-DOTA(Tb)-Anti-Casein erzielt; gefolgt von der Markierung mit KI_3 mit einem S/N-Verhältnis von 206. Am schlechtesten schneiden die IODO-BEADS mit einem Wert von 99 ab. Diese Labelingmethode weist damit den höchsten Untergrund in der Detektion eines Westernblots mit LA-ICP-MS auf.

D.2.8 Fazit

Der Vorteil einer Protein- oder Antikörpermarkierung mit ^{127}I wird darin gesehen, dass die Durchführung sehr einfach ist und bereits kurze Reaktionszeiten (4 min) ausreichend sind, um hohe Intensitäten in der LA-ICP-MS zu erzielen. Zudem zeigte das Labeling mit IODO-BEADS eine sehr gute Reproduzierbarkeit. Des Weiteren sind die Chemikalien kommerziell und kostengünstig erhältlich. Allerdings trat ein hoher Iountergrund in den Messungen auf, so dass nur eine Nachweisgrenze von 150 fmol Protein bestimmt werden konnte. Dagegen konnte beim direkten Labeling von BSA mit SCN-DOTA(Ln) eine

D Ergebnisse und Diskussion

theoretische Nachweisgrenze von 4 fmol bestimmt werden. Dieser Wert ist um einen Faktor 37 besser und kann unter anderem durch den niedrigen Untergrund in den LA-ICP-MS-Messungen von Lanthaniden im Vergleich zur Ioddetektion begründet werden. Der Labelinggrad ist auch bei der Iodierung abhängig von der tertiären Proteinstruktur sowie der Aminosäuresequenz. (Kapitel D.2.1)

Im nächsten Schritt wurden iodierte Antikörper im Westernblot eingesetzt (Kapitel D.2.2). Probleme durch unspezifische Proteinbanden in der LA-ICP-MS konnten durch einen zusätzlichen Reinigungsschritt nach der Iodierung des Antikörpers behoben werden. Die zusätzlichen Signale entstanden durch eine unerwartete unspezifische Bindung von überschüssigen I_2 in der Antikörperlösung, mit der die Membran während des Westernblots inkubiert wurde. Die Beobachtung dieses Artefakts führte zu der Idee, Proteine direkt mit KI_3 in Abwesenheit von Oxidationsmitteln zu derivatisieren. Dies konnte erfolgreich im Kapitel D.2.3 gezeigt werden. Das Labeling mit KI_3-Lösung ist durch äußere Bedingungen wie Überschuss des Iodierungsreagenzes und Reaktionszeit kontrollierbar. ESI-MS Untersuchungen am tryptisch verdauten, iodiertem Lysozym zeigten, dass die Aminosäurereste Histidin und Tyrosin sowohl mit IODO-BEADS als auch mit KI_3 iodiert werden (s. Kapitel D.2.4). Des Weiteren konnte gezeigt werden, dass mit KI_3 ein höherer Labelinggrad erreicht wird als mit den IODO-BEADS.

In Kapitel D.2.5 wurde sowohl mit IODO-BEADS wie auch mit KI_3 ein Gesamtproteom iodiert (Lebermikrosomen von mit 3MC behandelten Ratten). Nach der Iodierung mit verschiedenen Inkubationszeiten wurden die Proteomproben mit SDS-PAGE getrennt, auf eine Membran überführt und mittels LA-ICP-MS detektiert. Mit steigender Reaktionszeit (0 – 10 min) konnte eine Zunahme der Iodintensitäten in der LA-ICP-MS festgestellt werden. Im Falle der Derivatisierung mit IODO-BEADS trat allerdings in der 10 min Probe eine Degradierung des Proteoms auf, so dass hier kaum iodierte Banden identifiziert werden konnten. Im zweiten Teil des Versuchs wurde der Einfluss der Iodierung des Proteoms auf die Antikörperbindung im Westernblot untersucht. Die Bindung nimmt mit steigendem Iodierungsgrad der Mikrosomenproben ab. Gründe hierfür könnten sein, dass das gebundene Iod oder auch oxidierte Aminosäurereste, die während der Reaktion entstehen können, das Bindungszentrum am Antigen für den Antikörper behindern. Es ist also möglich sowohl die Probe als auch den Antikörper zu markieren und beide simultan mittels LA-ICP-MS zu detektieren, allerdings sollten kurze Reaktionszeiten für die Iodierung des Proteoms gewählt werden. Somit kann festgehalten werden, dass die Proteinmarkierung mit KI_3 zur „Färbung" des Gesamtproteoms die Antikörperbindung nur gering beeinträchtigt, so dass sich die hier ausgearbeiteten Labelingmethoden (DOTA und Lanthanide; Iodierung) in idealer Weise ergänzen.

Ein weiterer Schwerpunkt der Untersuchung war die Iodierung von Antikörpern und ihr Einsatz in Westernblots, die mit LA-ICP-MS detektiert werden sollten. In den Kapiteln D.2.2 und D.2.6 konnten mit IODO-BEADS modifizierte wie auch mit KI_3 markierte Antikörper erfolgreich zur Antigenidentifizierung eingesetzt werden. In Kapitel D.2.7 wurden die beiden Iodierungsmethoden mit SCN-DOTA(Tm) markierten Antikörper und mit der Detektion durch Chemilumineszenz verglichen. Alle drei Labelingverfahren erzielten eine sehr gute Linearität für die Detektion des Antigens. Etwas schlechter schnitt die Chemilumineszenz-Detektion ab. Die berechneten Nachweisgrenzen für das getestete Antigen-Antikörper-System (Anti-Casein; β-Casein) betrugen für die IODO-BEADS wie auch für die Chemilumineszenz 0,6 pmol und je 0,3 pmol für den Nachweis über SCN-DOTA(Tb)) und KI_3. Damit ist das Labeling mit KI_3 und SCN-DOTA(Tb) um einen Faktor zwei besser im Nachweis wie die Markierung mit IODO-BEADS oder die Detektion mittels Chemilumineszenz. Das beste S/N-Verhältnis und damit den geringsten Untergrund erreicht der Westernblot mit LA-ICP-MS-Detektion der mit SCN-DOTA(Tb) markierten Antikörpern durchgeführt wurde; gefolgt von den Antikörpern, die mit KI_3 modifiziert wurden. Etwas schlechter schneiden die Chemilumineszenz-Detektion und der LA-ICP-MS-Westernblot mit IODO-BEADS derivatisierten Antikörpern ab.

Eine weitere bekannte Möglichkeit der Proteiniodierung bietet das Bolton-Hunter-Reagenz.(32) Das N-Succinimidyl-3-(4-hydroxyphenyl)propionat wird in einem ersten Schritt iodiert, dann wird das modifizierte Reagenz zur Acylierung von Aminogruppen im Protein eingesetzt. (6) Zwar ist das Protein bei dieser Methode nicht direkt einem Oxidationsmittel ausgesetzt, jedoch ist die Durchführung wesentlich aufwendiger. Die Iodierung des Bolton-Hunter-Reagenz erfolgt in organischem Lösungsmittel, welches nach der Reaktion entfernt werden muss, um eine Denaturierung des Proteins zu vermeiden. Des Weiteren hydrolysiert der Ligand leicht, so dass er nicht gelagert werden kann. Diese Gründe führten dazu, dem direkten Labeling von Proteinen mit IODO-BEADS und KI_3 den Vorzug zu geben.

Eine Methode zur Iodierung von Peptiden stellte Sanz-Medel et al. vor. (33) Die Arbeitsgruppe nutzt Bis(pyridin)iodonium Tetrafluoroborat zur Derivatisierung von Tyrosinresten in Peptiden, um diese mittels HPLC-ICP-MS absolut zu quantifizieren. Für eine erfolgreiche Quantifizierung muss jedoch die Aminosäuresequenz des Peptids bekannt sein und es muss mit Hilfe von organischer MS sichergestellt werden, dass das Labeling vollständig verläuft, d.h. in diesem Fall zweifache Iodierung aller vorhandenen

Tyrosingruppen im Peptid. Das Iodreagenz wird bereits in der organischen Chemie oft zur Iodierung und Oxidation von Aromaten eingesetzt und die Markierung findet in einem Puffer mit 30 % ACN statt, damit sich das Reagenz vollständig löst. Diese Reaktionsbedingungen wirken aufgrund des organischen Lösungsmittels auch bei kurzen Reaktionszeiten bereits denaturierend und sind deshalb ungeeignet für die Antikörpermarkierung, da ein Verlust der spezifischen Reaktivität durch Veränderung der tertiären Struktur auftreten kann.

D.3 Referenzen

1. *Moreau, J., Guillon, E., Pierrard, J.-C., Rimbault, J., Port, M., Aplincourt, M.* 2004, Chem. Eu. J., Bd. 10, S. 5218-5232.

2. *Waentig, L.* Diplomarbeit. WWU Münster : s.n., 2007.

3. *Jakubowski, N., Waentig, L., Hayen, H., Venkatachalam, A., v. Bohlen, A., Roos, P.H., Manz, A.* s.l. : J. Anal. Spectrom., 2008, Bd. 23, S. 1497-1507.

4. *Berg, J.M., Tymoczko, J.L., Stryer, L.* Biochemie. 5. Heidelberg : Spektrum Akademischer Verlag, 2003.

5. *Zhu, X., Lever, S. Z.* 2002, Electrophoresis , Bd. 23, S. 1348–1356.

6. *Lottspreich, F., Engels, J. F.* Bioanalytik. 2. München : Elsevier GmbH, 2006.

7. *Buenzli, J-C. G.* 2006, Acc. Chim. Res., Bd. 39, S. 53-61.

8. *Linscheid, M. W.* 2005, Anal. Bioanal. Chem., Bd. 381, S. 64-66.

9. *Jakubowski, N., Messerschmidt, J., Anorbe, M. Garijo, Waentig, L., Hayen, H., Roos, P. H.* 2008, J. Anal. At. Spectrom., Bd. 23, S. 1487-1496.

10. *Kutscher, D., del Castillo Busto, M. E., Zinn, N., Sanz-Medel, A., Bettmer, J.* 2008, J. Anal. At. Spectrom., Bd. 23, S. 1359–1364.

11. *Ahrends, R., Pieper, S., Kühn, A., Weisshoff, H., Hamester, M., Lindemann, T., Scheler, C., Lehmann, K., Taubner, K., Linscheid, M.* 2007, Molecular and Cellular Proteomics, Bd. 6, S. 1907-1916.

12. *Roos, P. H., Venkatachalam, A., Manz, A., Waentig, L., Koehler, C. U., Jakubowski, N.* 2008, Anal. Bioanal. Chem., Bd. 392, S. 1135-1147.

13. *Ioannides, C.* Cyotochrome P450. Metabolic and Toxicological Aspects. USA : CRC Perss, 1996.

14. *Guengerich, FP.* Chem. Res. Toxicol., Bd. 14, S. 611-650.

15. *Ioannides, C.* Cytochromes P450. Role in Metabolism and Toxicity of Drugs and other Xenobiotics. Cambridge : Royal Society of Chemistry, 2008.

16. *Guengerich, FP.* 1977, J Biol Chem, Bd. 252, S. 3970–3979.

D Ergebnisse und Diskussion

17. PubChem. [Online] National Library of Medicine (NLM), USA. [Zitat vom: 12. März 2010.] http://pubchem.ncbi.nlm.nih.gov/.

18. J. Biol. Chem. *Omura, T., Sato, R.* . 1964, Bd. 239, S. 2370–2378.

19. *Roos, P. H.* 1996, J. Chromatogr. B, Bd. 684, S. 107-131.

20. *Roos, P. H., Golub-Ciosk, B., Kallweit, P., Kauczinski, D., Hanstein, W. G.* 1993, Biochem. Pharmacol. , Bd. 45, S. 2239-2250.

21. product description for CYP1A1 (1A3-03): sc-101828. *Santa Cruz Biotechnology, Inc.*

22. product description for CYP3A1 (4i69): sc-70903. *Santa Cruz Biotechnology, Inc.*

23. product description for CYP2B1/2B2 (9.14): sc-73546. *Santa Cruz Biotechnology, Inc.*

24. Entrz Gene. [Online] National Library of Medicine (NLM), USA. [Zitat vom: 12. März 2010.] http://pubchem.ncbi.nlm.nih.gov/.

25. *Roos, P. H., van Afferden, M., Strotkamp, D., Pfeiffer, F., Hanstein, W. G.* 1996, Arch. Environ. Contam. Toxicol., Bd. 30, S. 107-113.

26. *Roos, P. H., Tschirbs, S., Hack, A., Welge, P., Wilhelm, M.* 2004, Xenobiotica, Bd. 34, S. 781-792.

27. *Markwell, M. A. K.* 1982, Anal. Biochem., Bd. 125, S. 427-432.

28. product description for IODO Beads® Iodination Reagent. *PIERCE.*

29. *Hermanson, G. T.* Bioconjugate Techniques. USA : Elsevier Science , 1996.

30. *Wolff, J., Covelli, I.* 1969, Eur. J. Biochem., Bd. 9, S. 371-377.

31. *Tsomides, T. J., Eisen, H. N.* 1993, Anal. Biochem. Biophys., Bd. 210, S. 129-135.

32. product description for Bolton-Hunter Reagent. *PIERCE.*

33. *Navaza, A. P., Encinar, J. R., Ballestreros, A., González, J. M., Sanz-Medel, A.* 2009, Anal. Chem., Bd. 81, S. 5390-5399.

34. Chemgapedia. [Online] [Zitat vom: 14. April 2010.] http://www.chemgapedia.de.

E ZUSAMMENFASSUNG

E.1 Zusammenfassung und Ausblick

Die Bezeichnung Proteom wurde 1995 von Marc Wilkins geprägt, der damit das gesamte Proteinäquivalent eines Genoms definierte. Dieser Begriff umschreibt eine komplexere Informationsebene und beinhaltet Art, Funktion und Interaktion von Proteinen, die zu einer funktionellen Einheit gehören. „Während uns das Genom sagt, was möglich ist, sagt uns das Proteom, was tatsächlich vorhanden ist; z.B. welche Proteine wechselwirken, um einen Signaltransduktionsweg [...] entstehen zu lassen. (1)" Das Proteom ist ein hochdynamisches System und ändert abhängig von zahlreichen Parametern, wie Stoffwechselbedingungen, Umwelteinflüssen oder dem Fortschreiten des Zellzyklus, seine qualitative und quantitative Zusammensetzung. Die schwere Aufgabe der Proteomik ist es, die Dynamik von Expressionsmustern in Zellen zu erfassen, um dann z.B. krankheitsrelevante Proteine zu erkennen oder Wirkungsanalysen für Medikamente zu erstellen. Die analytische Herausforderung ist eine ausreichende Sensitivität zu erreichen, um Proteine auch auf endogener Ebene in komplexer, salzhaltiger Matrix nachzuweisen. Gleichzeitig sind quantitative Informationen nötig, um Aussagen über die Stöchiometrie von Interaktionspartnern treffen zu können.

Die ICP-MS leistet aufgrund ihrer hohen Empfindlichkeit, ihrem weiten linearen Messbereich sowie der Fähigkeit zur Multielementanalyse, einen großen Beitrag zur Lösung biochemischer und medizinischer Fragestellungen. ICP-MS, gekoppelt mit LC-Trenntechniken, sind mittlerweile etablierte Methoden für die Detektion von Heteroelementen in Proteinen wie Phosphor oder Schwefel. Dagegen ist die Multielement-Detektion über das Labeling mit bifunktionellen Liganden seltener.

Der Schwerpunkt dieser Arbeit liegt in der Entwicklung von Methoden zum Multielement-Labeling von Proteinen und Antikörpern, so dass der simultane Nachweis, die Identifizierung und gegebenenfalls die Quantifizierung vieler Proteine mittels ICP-MS möglich werden. Dazu wurden zwei Strategien verfolgt:

1. Das Labeling von Biomolekülen mit einem bifunktionellen Liganden (SCN-DOTA) und Lanthaniden.
2. Die Markierung von Biomolekülen mit Iod.

Im ersten Teil der Arbeit wurde das Labelingverfahren mit dem bifunktionellen Liganden SCN-DOTA und Lanthanidionen gezeigt und für die Detektion komplexer Proteinproben mit LA-ICP-MS optimiert. Das Labeling besteht aus zwei Teilschritten:

E Zusammenfassung

1. Bildung des Chelatkomplexes.
2. Die Bindung des mit Ln^{3+} beladenen bifunktionellen Liganden an ubiquitäre Aminogruppen im Protein.

Die markierten Proben werden mittels SDS-PAGE getrennt und auf eine NC-Membran überführt, um sie dann mit LA-ICP-MS zu detektieren. Es konnte gezeigt werden, dass SCN-DOTA sehr stabile Chelatkomplexe mit Lanthanidionen ausbildet und diese für simultane Multianalyt-Bestimmungen geeignet sind, da sie die harschen Bedingungen während der Probenvorbereitung überleben. Des Weiteren konnten weder ein Metallaustausch noch unspezifische Sekundärsignale nachgewiesen werden. Allerdings ist bei der Derivatisierung mit bifunktionellen Liganden eine mögliche Veränderung der elektrophoretischen Eigenschaften (pI und MW) der markierten Proteine abhängig vom Labelinggrad zu berücksichtigen. Dennoch zeigt die erfolgreiche Markierung komplexer Proteomproben, dass das Label SCN-DOTA(Ln) in Zukunft für Expressionsstudien genutzt werden kann, wenn das Verfahren für die hochauflösende 2D-Elektrophorese optimiert wird. Zudem könnte diese Labelingtechnik auch auf der Petidebene eingesetzt werden, wenn die Markierung nach der proteolytischen Spaltung der Proteinprobe erfolgt. In diesem Rahmen bietet die Kopplung von HPLC-Trenntechniken und ICP-MS eine Alternative zur Elektrophorese. Des Weiteren könnte, durch die Änderung der reaktiven Gruppe des bifunktionellen Liganden, das Multielement-Labeling zur Identifizierung von posttranslationalen Modifikationen wie der Glykosylierung genutzt werden.

Immunologische Techniken sind als wichtiges Instrument anzusehen, wenn es darum geht, ein Protein aufzureinigen, seinen Verbleib in der Zelle aufzuspüren oder zu bestimmen, wie viel Protein vorhanden ist. (1) Besonders für Antikörper-Assays bietet das Multiplexing die Möglichkeit Fehler bei der Probenaufgabe, den Reagenz- und Probenverbrauch sowie die Arbeitszeit für einen Assay zu reduzieren. Die gesammelten Erfahrungen aus dem ersten Teil der Arbeit wurden verwendet, um den Liganden SCN-DOTA(Ln) für die Markierung von Antikörpern einzusetzen. Das Antikörperlabeling mit SCN-DOTA(Ln) und die Anwendung markierter Antikörper im Westernblot wurden für die Detektion mit LA-ICP-MS optimiert. Anhand eines Modelsystems wurden sowohl die simultane Identifizierung als auch die Quantifizierung mehrerer Antigene in einem einzigen Westernblot gezeigt.

Die Detektion mit LA-ICP-MS weist eine vergleichbare Sensitivität auf wie die konventionelle Detektion mit Chemilumineszenz, aber der Vorteil der LA-ICP-MS ergibt sich daraus, dass kein Sekundärantikörper eingesetzt werden muss. Dies führt zu einer erheblichen Zeit- und Kostenersparnis bei der Durchführung des Assays. Im Gegensatz

E Zusammenfassung

zum Nachweis mit Chemilumineszenz oder Fluoreszenz, ist die Elementsignatur nach dem Westernblot für die LA-ICP-MS langzeitstabil und dies ermöglicht Transport und Lagerung der Membranen. Natürlich ist die ICP-MS in der Anschaffung und im Unterhalt kostenintensiver als klassische Methoden, aber sie eröffnet neue Anwendungen immer dann, wenn viele Parameter in Multiplexing-Experimenten gleichzeitig gemessen werden sollen.

Zur Demonstration der Leistungsfähigkeit des optimierten Westernblot-Assays für die LA-ICP-MS-Detektion, wurde ein Problem aus der aktuellen Grundlagenforschung aufgegriffen: die chemikalieninduzierte Expression von CYP. CYP sind eine Gruppe von Hämproteinen, die an der Metabolisierung von Schadstoffen beteiligt sind. Es konnten fünf verschiedene CYP, deren Stoffmengen im unteren pmol- bis mittleren fmol-Bereich lagen, erfolgreich in einem Multiplexing-Westernblot identifiziert werden und die ermittelten CYP-Profile stimmen mit den bekannten Aussagen in der Literatur überein, bzw. konnten durch weitere Enzymaktivitätstests validiert werden.

In Zukunft soll die Anzahl der eingesetzten markierten Antikörper in einem Assay noch weiter erhöht werden. Bereits Tanner et al. (2) setzten 20 isotopenmarkierte Antikörper in einem Zell-Assay, ähnlich dem FACS[1], zum simultanen ICP-MS-Nachweis von ausgewählten Oberflächenepitopen auf Leukämiezellen ein. Des Weiteren könnten die mit SCN-DOTA(Ln) markierten Antikörper auch in anderen Assays (z.B. ELISA) oder in Mikroarrays, gekoppelt mit ICP-MS-Detektion, zum Einsatz kommen. Des Weiteren muss ein in sich geschlossenes Quantifizierungskonzept entwickelt werden, bei dem ein Standard etabliert wird, der die gesamte Probenvorbereitung durchläuft.

Ein komplett anderes Labelingverfahren ist die Iodierung mit IODO-BEADS von Tyrosin- und Histidinresten in Proteinen, welches in dieser Arbeit ebenfalls betrachtet wurde. Im Gegensatz zum gängigen Radioimmunoassay kann für die Detektion mit ICP-MS auf stabile Isotope zurückgegriffen werden und die Experimente können in konventionellen Laboren durchgeführt werden. Die Durchführung ist sehr einfach und es sind bereits kurze Reaktionszeiten ausreichend, um hohe Intensitäten in der LA-ICP-MS zu erzielen.

Allerdings traten beim Einsatz iodierter Antikörper im Westernblot und LA-ICP-MS-Detektion zunächst unspezifische Signalbanden auf. Die Beobachtung dieses Artefakts

---

[1] Beim FACS (fluorescence activated cell sorting) werden Oberflächenepitope von Immunzellen spezifisch von fluoreszenzmarkierten Antikörpern gebunden. Anschließend wird die Zellsuspension durch eine Düse gepresst, so dass die entstehenden Tröpfchen nur eine Zelle enthalten. Die Tröpfchen passieren einen Laserstrahl, wodurch Fluoreszenz erzeugt wird. Je nach Messwert werden die Tröpfchen aufgeladen, durch elektronische Platten mehr oder weniger abgelenkt und die Zellen sortiert. (3)

E Zusammenfassung

führte zu der Entwicklung einer neuen Methode: die Iodierung von Biomolekülen mit KI_3. ESI-MS Untersuchungen am tryptisch verdauten iodierten Lysozym zeigten, dass auch mit dieser Methode die Aminosäurereste Histidin und Tyrosin modifiziert werden, obwohl kein Oxidationsmittel in der Reaktionsmischung vorliegt, wie es bei den IODO-BEADS der Fall ist. Des Weiteren konnte gezeigt werden, dass mit KI_3 ein höherer Labelinggrad erreicht wird als mit den kommerziellen IODO-BEADS.

Ein Gesamtproteom wurde sowohl mit IODO-BEADS wie auch mit KI_3 iodiert, mit SDS-PAGE getrennt, auf eine Membran überführt und mittels LA-ICP-MS detektiert. Im Falle der Derivatisierung mit IODO-BEADS, trat teilweise eine Degradierung des Proteoms auf. Im zweiten Teil des Versuchs wurde der Einfluss der Iodierung des Proteoms auf die Antikörperbindung im Westernblot untersucht. Aus den Ergebnissen kann gefolgert werden, dass die Iodierung des Proteoms die Bindung eines Antikörpers an das derivatisierte Antigen behindern kann und deshalb kurze Reaktionszeiten gewählt werden sollten. Der Versuch zeigte jedoch auch, dass eine Kombination der beiden Labelingmethoden (Iodierung und SCN-DOTA(Ln)) möglich ist, da das iodierte Proteom und der gebundene lanthanidmarkierte Antikörper simultan detektiert werden konnten. So ist es möglich, in einem einzigen Experiment neben allgemeinen Informationen zum Proteom auch spezifische Informationen zu ausgewählten Antigenen mittels LA-ICP-MS zu erhalten.

Der Einsatz von iodierten Antikörpern im Westernblot, war nach einer weiteren Optimierung der Reinigungsschritte ebenfalls möglich. Die Westernblots mit IODO-BEADS bzw. mit KI_3 modifizierten Antikörpern wurden mit einem Westernblot, der mit SCN-DOTA(Tb) markierten Antikörpern durchgeführt wurde, verglichen. Ein weiterer Westernblot wurde mit konventioneller Chemilumineszenz detektiert. Die drei Nachweise über elementmarkierte Antikörper und Detektion mit LA-ICP-MS, zeigten alle eine bessere Linearität als die Chemilumineszenz-Detektion. Die berechneten Nachweisgrenzen für das getestete Antigen-Antikörper-System, lagen bei allen Methoden im unteren pmol-Bereich. Das beste S/N-Verhältnis und damit den geringsten Untergrund erreichte der Westernblot, der mit SCN-DOTA(Tb) markierten Antikörpern durchgeführt wurde; gefolgt von den Antikörpern, die mit KI_3 modifiziert wurden. Etwas schlechter schnitten die Chemilumineszenz-Detektion und der LA-ICP-MS-Westernblot mit IODO-BEADS derivatisierten Antikörpern ab.

Das Ziel der Proteomik ist es die Gesamtheit einer Zelle zu analysieren und quantitativ zu interpretieren. In diesem Forschungsfeld ist die organische MS eine der stärksten Techniken zur Charakterisierung und Strukturaufklärung von Biomolekülen;

besonders ESI- und MALDI-MS-Techniken haben sich hier etabliert. Das Konzept des Elementlabeling von Biomolekülen und Detektion mit ICP-MS, kann diese wichtigen Methoden nicht ersetzten. Jedoch kann die ICP-MS basierte Identifizierung und Quantifizierung von Biomolekülen als komplementäre Technik neben Methoden der organischen MS Verwendung finden, da die ICP-MS viele hervorragende Eigenschaften aufweist (großer dynamischer Messbereich, hohe Sensitivität, Matrixunabhängigkeit, simultane Multielement-Detektion), um uns diesem Ziel ein Stück näher zu bringen.

E.2 Referenzen

1. **Berg, J. M., Tymoczko, J. L., Stryer, L.** Biochemie. 5. Heidelberg : Spektrum Akademischer Verlag, 2003.

2. **Tanner, S. D., Bandura, D. R., Ornatsky, O., Baranov, V. I., Nitz, M., Winnik, M. A.** 2008, Pure Appl. Chem, Bd. 80, S. 2627-2641.

3. Chemgapedia. [Online] [Zitat vom: 20. März 2010.] http://www.chemgapedia.de.

F ANHANG

F.1 Methoden für die LA-ICP-MS

Isotop	$^{127}I^+$
Masse [g/mol]	126,9039
Massenfenster	90
Integrationszeit [ms]	98
Gesamtzeit [h:min:sec]	00:01:00

Tabelle F-1: E-Scan. Methode für einfache Iodmessungen. Messstrecke pro Linienscan: 60 mm; Laserfrequenz: 15 Hz; Schrittmotorsteuerung: 1,0 mm/s.

Isotop	$^{153}Eu^+$
Masse [g/mol]	152,9207
Massenfenster	90
Integrationszeit [ms]	98
Gesamtzeit [h:min:sec]	00:01:00

Tabelle F-2: E-Scan. Methode für einfache Lanthanidmessungen am Beispiel $^{153}Eu^+$; Messstrecke pro Linienscan: 60 mm; Laserfrequenz: 15 Hz; Schrittmotorsteuerung: 1,0 mm/s.

Isotope	$^{127}I^+$	$^{165}Ho^+$
Masse [g/mol]	126,9039	164,9298
Massenfenster	60	60
Integrationszeit [ms]	62	62
Gesamtzeit [h:min:sec]	00:01:15	

Tabelle F-3: E-Scan. Methode für simultane Duplex-Messungen von $^{127}I^+$ und $^{165}Ho^+$; Messstrecke pro Linienscan: 60 mm; Laserfrequenz: 10 Hz; Schrittmotorsteuerung: 0,8 mm/s.

Isotope	$^{159}Tb^+$	$^{165}Ho^+$
Masse [g/mol]	158,9248	164,9298
Massenfenster	90	90
Integrationszeit [ms]	49,5	49,5
Gesamtzeit [h:min:sec]	00:01:00	

Tabelle F-4: E-Scan. Methode für simultane Duplex-Messungen von Lanthanidisotopen; Messstrecke pro Linienscan: 60 mm; Laserfrequenz: 15 Hz; Schrittmotorsteuerung: 1,0 mm/s.

Isotope	$^{141}Pr^+$	$^{159}Tb^+$	$^{165}Ho^+$	$^{169}Tm^+$
Masse [g/mol]	140,9071	158,9248	164,9298	168,9337
Massenfenster	90	90	90	90
Integrationszeit [ms]	31	31	31	31
Gesamtzeit [h:min:sec]	00:01:15			

Tabelle F-5: E-Scan. Methode für simultane Multiplex-Messungen von vier Lanthanidisotopen; Messstrecke pro Linienscan: 60 mm; Laserfrequenz: 10 Hz; Schrittmotorsteuerung: 0,8 mm/s.

	Gruppe A			Gruppe B		
Isotope	$^{165}Ho^+$	$^{169}Tm^+$	$^{175}Lu^+$	$^{159}Tb^+$	$^{153}Eu^+$	$^{141}Pr^+$
Masse [g/mol]	164,9298	168,9337	174,9402	158,9248	152,9207	140,9071
Massenfenster	90	90	90	90	90	90
Integrationszeit [ms]	41,3	41,3	41,3	41,3	41,3	41,3
Gesamtzeit [h:min:sec]	00:01:03			00:01:03		

Tabelle F-6: E-Scan. Methode für halb simultane Multiplex-Messungen von Lanthanidisotopen. Gruppe A und B werden immer abwechselnd gemessen. 1. Spur: Gr. A, 2. Spur: Gr. B, 3. Spur: Gr. A,... Innerhalb der Gruppe erfolgt die Isotopendetektion simultan; Messstrecke pro Linienscan: 63 mm; Laserfrequenz: 10 Hz; Schrittmotorsteuerung: 0,8 mm/s.

F.2 Anhang Kapitel D.1.1.1

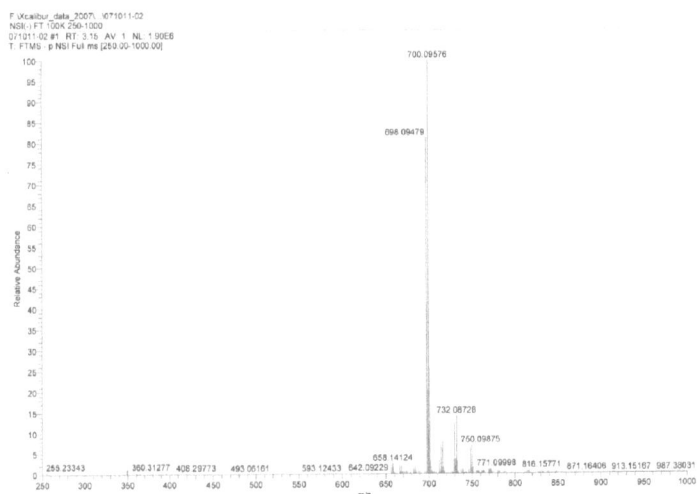

Abbildung F-1: ESI-Massenspektrum von SCN-DOTA(Eu). Die Komplex-Synthese erfolgte nach der Vorschrift aus Kapitel C.3.1. Es wurde im negativen Modus gemessen. Der berechnete m/z-Wert für $C_{24}H_{29}N_5O_8S_1Eu_1$ ist 698, für $C_{24}H_{30}N_5O_8S_1Eu_1$ ist 700. Beide Derivate konnten nachgewiesen werden. Es wurde kein unbesetztes SCN-DOTA identifiziert.

F Anhang

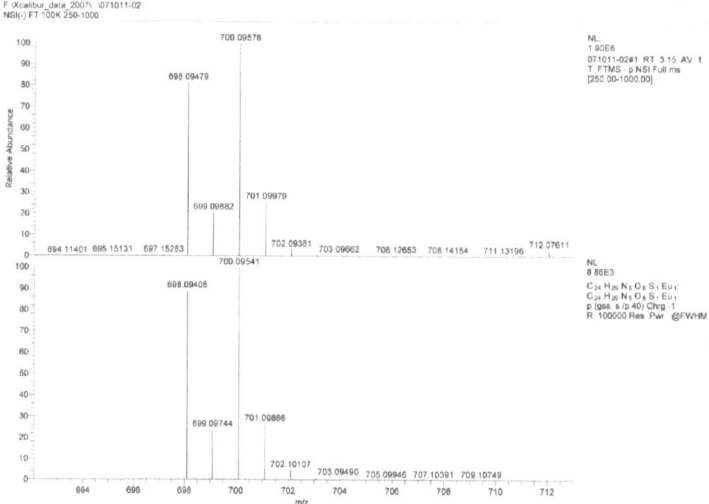

Abbildung F-2: Ausschnitt aus Abbildung F-1. Gegenüberstellung reales (oben) und berechnetes (unten) Spektrum.

F.3 Anhang Kapitel D.1.1.8

Sequenz	Ohne SCN-DOTA			Mit SCN-DOTA		
	Berechnete s m/z	Detektiertes m/z	RMD [ppm]	Berechnete s m/z	Detektiertes m/z	RMD [ppm]
CELAAAM[13]K	447.2146[2+]	447.2144[2+]	-0.4	722.8171[2+]	n.d.	
GYSLGNWVCA A[33]K	663.3189[2+]	663.3186[2+]	-0.6	938.9215[2+]	n.d.	
NLCNIPCSALLS SDITASVNCA[96] K	1254.5982[2+]	1254.5973[2+]	-0.7	1530.2007[2+]	n.d.	
C[116]K	307.1435[1+]	307.1434[1+]	-0.2	858.3484[1+]	n.d.	
C[116]KGTDVQAW IR (a)	667.3377[2+]	667.3372[2+]	-0.8	942.9402[2+]	942.9401[2+]	-0.1
[97]KIVSDGNGMN AWVAWR (a)	902.4516[2+]	902.4504[2+]	-1.3	1178.0541[2+]	1178.0553[2+]	1.0
NLCNIPCSALLS SDITASVNCA[96] K[97]K (a) (b)	1318.6457[2+]	1318.6433[2+]	-1.8	1063.1441[3+]	1063.1433[3+]	-0.8
NLCNIPCSALLS SDITASVNCA[96] K[97]K (a)	1318.6457[2+]	1318.6433[2+]	-1.8	1869.8507[2+]	n.d.	
GYSLGNWVCA A[33]KFESNFNTQ ATNR (a)	1368.1352[2+]	1368.1342[2+]	-0.7	1643.7377[2+]	1673.7369[2+]	-0.5
CELAAAM[13]KR (a)	525.2652[2+]	525.2647[2+]	-0.9	800.8676[2+]	800.8667[2+]	-1.2
VFGRCELAAAM [13]K (a)	676.8443[2+]	n.d.		952.4468[2+]	n.d.	
[1]KVFGR (a)	303.6897[2+]	303.6895[2+]	-1.0	579.2922[2+]	n.d.	
[1]KVFGR (a) (c)	303.6897[2+]	303.6895[2+]	-1.0	853.8869[2+]	n.d.	

Tabelle F-7: Vergleich der berechneten und gemessenen m/z-Werte der geladenen tryptischen Peptide von unmarkierten Lysozym und SCN-DOTA-Lysozym. RMD ist die relative Massenabweichung in ppm (parts per million). Das Lysozym wurde nach Methode I aus Tabelle D-2, Kapitel D.1.1.1 derivatisiert ohne Metallbeladung des Makrozyklus. Es konnten SCN-DOTA-Label an allen möglichen Lysinresten mittels MS/MS nachgewiesen werden (Positionen: 1, 13, 33, 96, 97, 116); n.d., nicht detektiert; 2+, zweifach geladenes Peptid (a) Eine Spaltungsstelle wurde übersprungen; (b) nur ein Lysinrest markiert; (c) zwei Label am Lysinrest (dies ist möglich, da die endständige Aminogruppe des Lysozyms zu einem Lysinrest gehört). Die Tabelle wurde aus folgender Referenz entnommen: **Jakubowski, N., Waentig, L., Hayen, H., Venkatachalam, A., v. Bohlen, A., Roos, P.H., Manz, A.**, J. Anal. Spectrom., 2008, Bd. 23, S. 1497-1507.

F.4 Anhang Kapitel D.1.4.

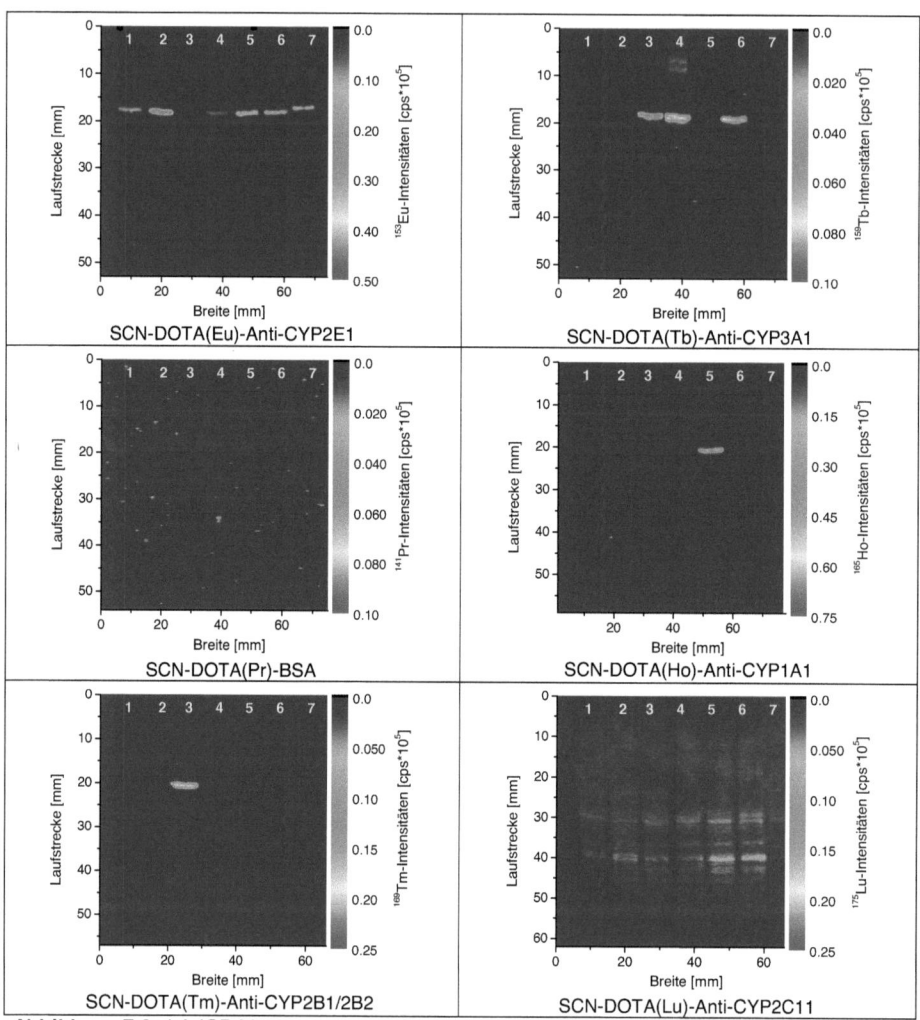

Abbildung F-3: LA-ICP-Massenspektren einzelner Westernblots. Die Elemente wurden auf den jeweiligen Blots nach der Methode aus Tabelle F-2 detektiert. Es wurden von jeder Mikrosomenprobe 5 µg mit SDS-PAGE getrennt und auf eine NC-Membranen überführt. Die sechs Blotmembranen wurden mit je einem gelabelten Antikörper bzw. SCN-DOTA(Pr)-BSA (0,5 µg/ml in 10 ml PBS-T) inkubiert. Spur 1: UTm; Spur 2: UTf; Spur 3: PBm; Spur 4: DEXm; Spur 5: 3MCm; Spur 6: CLOm; Spur 7: INHm.

F Anhang

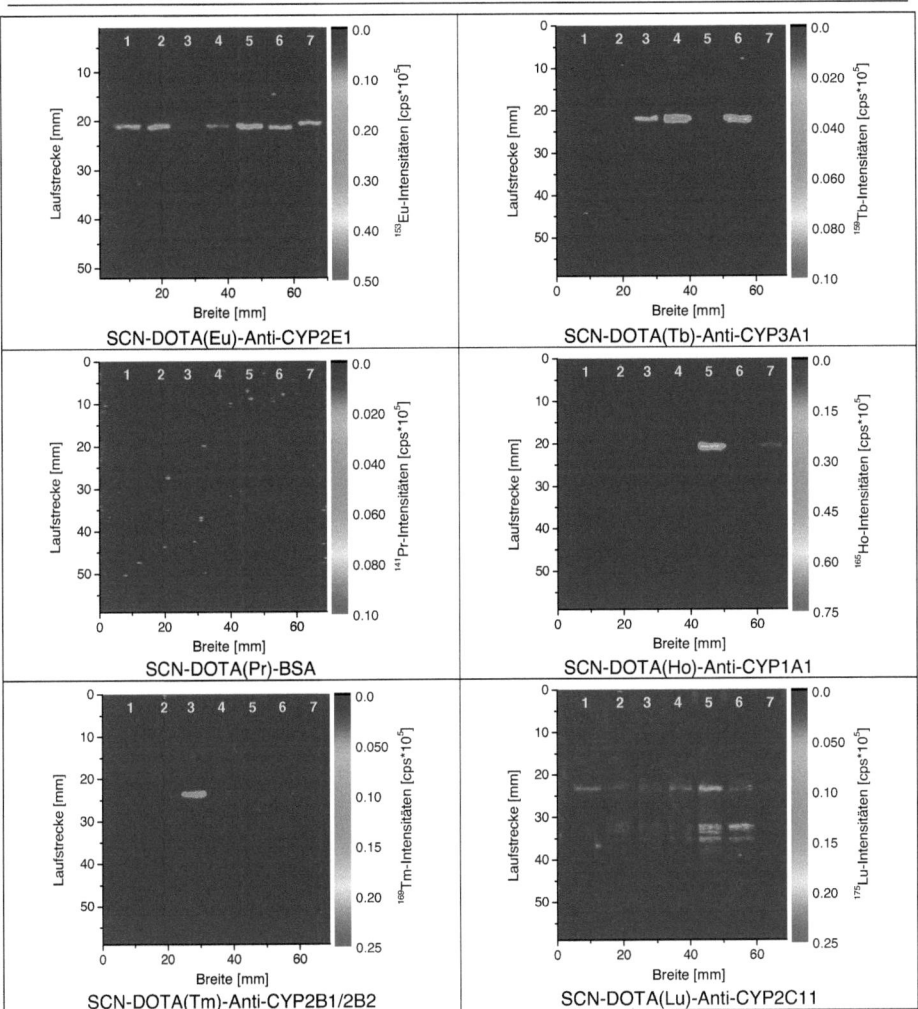

Abbildung F-4: LA-ICP-Massenspektren. Multiplex Westernblot Nr. 1. Die Elemente wurden nach der Methode aus Tabelle F-6 detektiert. Es wurden von jeder Mikrosomenprobe 5 µg mit SDS-PAGE getrennt und auf eine NC-Membran überführt. Die Blotmembran wurde mit fünf gelabelten Antikörpern und SCN-DOTA(Pr)-BSA zeitgleich inkubiert (je 0,5 µg/ml in PBS-T). Spur 1: UTm; Spur 2: UTf; Spur 3: PBm; Spur 4: DEXm; Spur 5: 3MCm; Spur 6: CLOm; Spur 7: INHm.

F Anhang

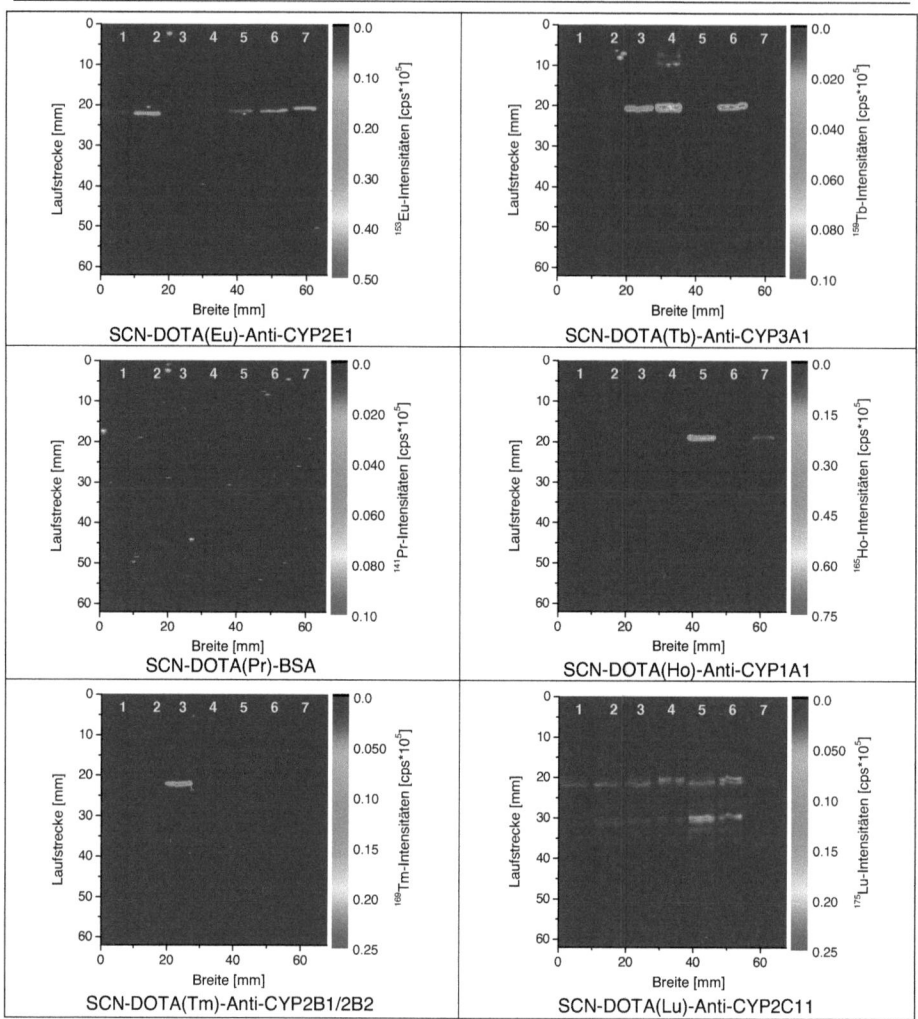

Abbildung F-5: LA-ICP-Massenspektren. Multiplex Westernblot Nr. 2. Die Elemente wurden nach der Methode aus Tabelle F-6 detektiert. Es wurden von jeder Mikrosomenprobe 5 µg mit SDS-PAGE getrennt und auf eine NC-Membran überführt. Die Blotmembran wurde mit fünf gelabelten Antikörpern und SCN-DOTA(Pr)-BSA zeitgleich inkubiert (je 0,5 µg/ml in PBS-T). Spur 1: UTm; Spur 2: UTf; Spur 3: PBm; Spur 4: DEXm; Spur 5: 3MCm; Spur 6: CLOm; Spur 7: INHm.

F Anhang

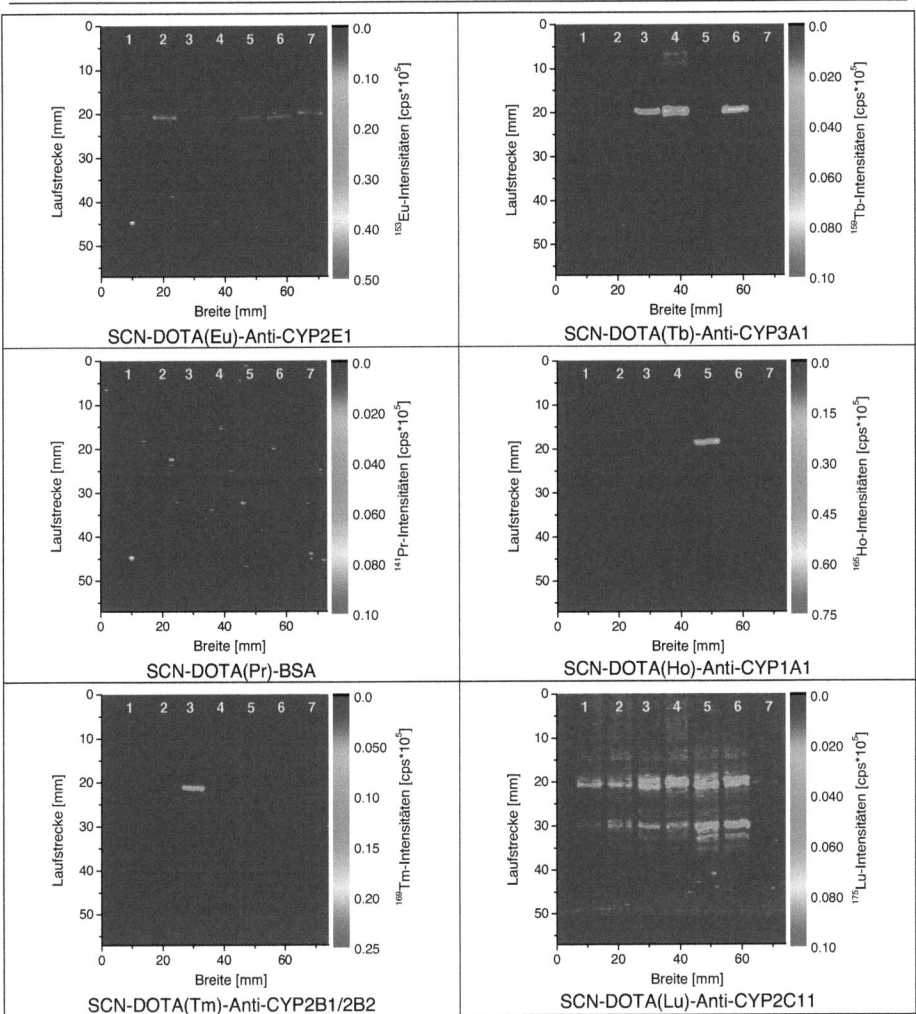

Abbildung F-6: LA-ICP-Massenspektren. Multiplex Westernblot Nr. 3. Die Elemente wurden nach der Methode aus Tabelle F-6 detektiert. Es wurden von jeder Mikrosomenprobe 5 µg mit SDS-PAGE getrennt und auf eine NC-Membran überführt. Die Blotmembran wurde mit fünf gelabelten Antikörpern und SCN-DOTA(Pr)-BSA zeitgleich inkubiert (je 0,5 µg/ml in PBS-T). Spur 1: UTm; Spur 2: UTf; Spur 3: PBm; Spur 4: DEXm; Spur 5: 3MCm; Spur 6: CLOm; Spur 7: INHm.

F Anhang

Mikro-somen	SCN-DOTA(Ho)-Anti-Cyp1A1	SCN-DOTA(Eu)-Anti-Cyp2E1 (100 %)	SCN-DOTA(Tm)-Anti-Cyp2B1/2B2	SCN-DOTA(Tb)-Anti-Cyp3A1	SCN-DOTA(Lu)-Anti-Cyp2C11	SCN-DOTA(Pr)-BSA
UTm	$8{,}10 \cdot 10^3$	$1{,}37 \cdot 10^5$	$4{,}67 \cdot 10^3$	$2{,}68 \cdot 10^3$	$1{,}66 \cdot 10^4$	$3.42 \cdot 10^3$
UTf	-	$3{,}62 \cdot 10^5$	$3{,}68 \cdot 10^3$	$1{,}49 \cdot 10^3$	$6{,}63 \cdot 10^3$	$2.97 \cdot 10^3$
PBm	$1{,}19 \cdot 10^3$	$2{,}32 \cdot 10^4$	$1{,}33 \cdot 10^5$	$3{,}46 \cdot 10^4$	$2{,}58 \cdot 10^4$	$3.76 \cdot 10^3$
DEXm	$1{,}03 \cdot 10^3$	$8{,}01 \cdot 10^4$	$4{,}00 \cdot 10^3$	$7{,}78 \cdot 10^4$	$3{,}93 \cdot 10^4$	$3.60 \cdot 10^3$
3MCm	$3{,}61 \cdot 10^5$	$2{,}07 \cdot 10^5$	$7{,}41 \cdot 10^3$	$1{,}81 \cdot 10^3$	$2{,}77 \cdot 10^4$	$2.83 \cdot 10^3$
CLOm	$4{,}73 \cdot 10^3$	$1{,}81 \cdot 10^5$	$4{,}81 \cdot 10^3$	$5{,}46 \cdot 10^4$	$3{,}05 \cdot 10^4$	$3.94 \cdot 10^3$
INHm	$3{,}75 \cdot 10^4$	$1{,}51 \cdot 10^5$	$1{,}83 \cdot 10^3$	-	$3{,}24 \cdot 10^3$	$3.28 \cdot 10^3$

Tabelle F-8: Integrierte Peakflächen zu den 2D-Plots aus Abbildung F-3. Die Peakfläche für SCN-DOTA(Eu)-anti-CYP2E1 wurde auf 100 % Isotopenhäufigkeit umgerechnet. Für die Peakflächen von SCN-DOTA(Pr)-BSA wurden über die Laufstrecke von 15 – 25 mm integriert.

Mikro-somen	SCN-DOTA(Ho)-Anti-Cyp1A1	SCN-DOTA(Eu)-Anti-Cyp2E1 (100 %)	SCN-DOTA(Tm)-Anti-Cyp2B1/2B2	SCN-DOTA(Tb)-Anti-Cyp3A1	SCN-DOTA(Lu)-Anti-Cyp2C11	SCN-DOTA(Pr)-BSA
UTm	$1{,}04 \cdot 10^4$	$1{,}84 \cdot 10^5$	$2{,}83 \cdot 10^3$	$1{,}84 \cdot 10^3$	$3{,}18 \cdot 10^4$	$4.44 \cdot 10^3$
UTf	$8{,}90 \cdot 10^2$	$2{,}38 \cdot 10^5$	$2{,}24 \cdot 10^3$	$9{,}12 \cdot 10^2$	$1{,}13 \cdot 10^4$	$2.67 \cdot 10^3$
PBm	$1{,}50 \cdot 10^3$	$5{,}15 \cdot 10^4$	$1{,}07 \cdot 10^5$	$2{,}30 \cdot 10^4$	$2{,}16 \cdot 10^4$	$3.98 \cdot 10^3$
DEXm	$1{,}84 \cdot 10^3$	$1{,}11 \cdot 10^5$	$5{,}08 \cdot 10^3$	$6{,}34 \cdot 10^4$	$2{,}85 \cdot 10^4$	$2.51 \cdot 10^3$
3MCm	$4{,}76 \cdot 10^5$	$2{,}78 \cdot 10^5$	$4{,}49 \cdot 10^3$	$1{,}25 \cdot 10^3$	$3{,}01 \cdot 10^4$	$2.49 \cdot 10^3$
CLOm	$7{,}75 \cdot 10^3$	$1{,}79 \cdot 10^5$	$4{,}81 \cdot 10^3$	$6{,}81 \cdot 10^4$	$2{,}43 \cdot 10^4$	$2.60 \cdot 10^3$
INHm	$8{,}14 \cdot 10^4$	$1{,}49 \cdot 10^5$	-	-	$4{,}96 \cdot 10^3$	$2.21 \cdot 10^2$

Tabelle F-9: Integrierte Peakflächen zu den 2D-Plots aus Abbildung F-4. Die Peakfläche für SCN-DOTA(Eu)-anti-CYP2E1 wurde auf 100 % Isotopenhäufigkeit umgerechnet. Für die Peakflächen von SCN-DOTA(Pr)-BSA wurden über die Laufstrecke von 20 – 30 mm integriert.

F Anhang

Mikrosomen	SCN-DOTA(Ho)-Anti-Cyp1A1	SCN-DOTA(Eu)-Anti-Cyp2E1 (100 %)	SCN-DOTA(Tm)-Anti-Cyp2B1/2B2	SCN-DOTA(Tb)-Anti-Cyp3A1	SCN-DOTA(Lu)-Anti-Cyp2C11	SCN-DOTA(Pr)-BSA
UTm	$7,81 \cdot 10^3$	$7,71 \cdot 10^4$	$2,83 \cdot 10^3$	$4,38 \cdot 10^3$	$2,92 \cdot 10^4$	$2,85 \cdot 10^3$
UTf	$1,39 \cdot 10^3$	$1,81 \cdot 10^5$	$5,18 \cdot 10^3$	$2,28 \cdot 10^3$	$2,19 \cdot 10^4$	$3,46 \cdot 10^3$
PBm	$1,74 \cdot 10^3$	$3,13 \cdot 10^4$	$9,82 \cdot 10^4$	$5,01 \cdot 10^4$	$4,27 \cdot 10^4$	$3,69 \cdot 10^3$
DEXm	$1,23 \cdot 10^3$	$4,83 \cdot 10^4$	$5,24 \cdot 10^3$	$9,48 \cdot 10^4$	$4,79 \cdot 10^4$	$3,40 \cdot 10^3$
3MCm	$4,05 \cdot 10^5$	$1,03 \cdot 10^5$	$4,76 \cdot 10^3$	$2,52 \cdot 10^3$	$1,82 \cdot 10^4$	$2,70 \cdot 10^3$
CLOm	$5,56 \cdot 10^3$	$1,46 \cdot 10^5$	$3,30 \cdot 10^3$	$8,63 \cdot 10^4$	$4,09 \cdot 10^4$	$3,89 \cdot 10^3$
INHm	$7,57 \cdot 10^4$	$1,47 \cdot 10^5$	-	-	$5,53 \cdot 10^3$	$3,13 \cdot 10^3$

Tabelle F-10: Integrierte Peakflächen zu den 2D-Plots aus Abbildung F-5. Die Peakfläche für SCN-DOTA(Eu)-anti-CYP2E1 wurde auf 100 % Isotopenhäufigkeit umgerechnet. Für die Peakflächen von SCN-DOTA(Pr)-BSA wurden über die Laufstrecke von 20 – 30 mm integriert.

Mikrosomen	SCN-DOTA(Ho)-Anti-Cyp1A1	SCN-DOTA(Eu)-Anti-Cyp2E1 (100 %)	SCN-DOTA(Tm)-Anti-Cyp2B1/2B2	SCN-DOTA(Tb)-Anti-Cyp3A1	SCN-DOTA(Lu)-Anti-Cyp2C11	SCN-DOTA(Pr)-BSA
UTm	$7,28 \cdot 10^3$	$1,40 \cdot 10^4$	$2,96 \cdot 10^3$	$3,50 \cdot 10^3$	$2,36 \cdot 10^4$	$1,38 \cdot 10^3$
UTf	$1,26 \cdot 10^3$	$2,41 \cdot 10^3$	$3,05 \cdot 10^3$	$1,50 \cdot 10^3$	$1,51 \cdot 10^4$	$2,20 \cdot 10^3$
PBm	$1,45 \cdot 10^3$	$2,78 \cdot 10^3$	$6,04 \cdot 10^4$	$3,88 \cdot 10^4$	$3,52 \cdot 10^4$	$3,36 \cdot 10^3$
DEXm	$5,80 \cdot 10^2$	$1,11 \cdot 10^3$	$5,42 \cdot 10^3$	$8,18 \cdot 10^4$	$4,66 \cdot 10^4$	$2,25 \cdot 10^3$
3MCm	$3,52 \cdot 10^5$	$6,74 \cdot 10^5$	$4,16 \cdot 10^3$	$2,00 \cdot 10^3$	$1,62 \cdot 10^4$	$2,04 \cdot 10^3$
CLOm	$4,12 \cdot 10^3$	$7,89 \cdot 10^3$	$2,72 \cdot 10^3$	$6,90 \cdot 10^4$	$2,95 \cdot 10^4$	$1,38 \cdot 10^3$
INHm	$5,03 \cdot 10^4$	$9,64 \cdot 10^4$	-	-	$3,43 \cdot 10^3$	$1,20 \cdot 10^3$

Tabelle F-11: Integrierte Peakflächen zu den 2D-Plots aus Abbildung F-6. Die Peakfläche für SCN-DOTA(Eu)-anti-CYP2E1 wurde auf 100 % Isotopenhäufigkeit umgerechnet. Für die Peakflächen von SCN-DOTA(Pr)-BSA wurden über die Laufstrecke von 20 – 30 mm integriert.

F Anhang

	Anti-Cyp2E1-Eu (100 %)			Anti-Cyp1A1-Ho		
	Mittelwert	Stabw	RSD [%]	Mittelwert	Stabw	RSD [%]
UTm	456.3	127.7	28.0	41.6	4.9	11.7
UTf	853.4	155.7	18.3	6.3	2.3	37.3
PBm	177.5	4.9	2.8	8.0	2.2	27.3
DEXm	295.0	58.0	19.7	5.6	1.6	27.9
3MCm	633.3	232.0	36.6	2030.8	328.9	16.2
CLOm	653.8	149.7	22.9	27.8	3.5	12.5
INHm	615.2	177.1	28.8	340.2	75.2	22.1
	Anti-Cyp2B1/2B2-Tm			Anti-Cyp2C11-Lu		
	Mittelwert	Stabw	RSD [%]	Mittelwert	Stabw	RSD [%]
UTm	14.7	3.7	25.3	140.2	26.8	19.1
UTf	18.8	9.4	50.0	85.7	37.3	43.6
PBm	433.1	102.0	23.6	178.5	76.9	43.1
DEXm	26.8	7.0	26.1	219.3	87.8	40.0
3MCm	22.7	5.6	24.5	101.7	3.9	3.9
CLOm	17.3	1.5	8.6	166.6	65.4	39.3
INHm	-	-	-	23.3	6.8	29.1
	Anti-Cyp3A1-Tb					
	Mittelwert	Stabw	RSD [%]			
UTm	17.7	8.4	47.3			
UTf	8.5	4.3	50.0			
PBm	201.9	91.8	45.4			
DEXm	420.9	150.1	35.7			
3MCm	10.4	4.5	43.6			
CLOm	383.9	116.6	30.4			
INHm	-	-	-			

Tabelle F-12: Mittelwert, Standardabweichung (Stabw) und RSD aus drei Multiplex-Westernblots (Tabelle F-9, Tabelle F-10, Tabelle F-11) nach Detektion mit LA-ICP-MS und Normierung auf $^{141}Pr^+$.

F.5 Anhang Kapitel D.2.4

Tabelle F-13: LC-MS/MS-Daten der tryptisch verdauten iodierten Lysozym-Proben. Scan-Bereich: m/z = 300 – 1600; quantifiziert wurde in einem Massenfenster von 20 ppm um die theoretisch gemessene Masse. Um eine quantitative Aussage treffen zu können, wurden die verschiedenen Ladungszustände des jeweiligen Peptids addiert. Beim nicht iodierten Lysozym tritt ein leichter carry over (*) aus der vorherigen Probe (4 min, IODO-BEADS) auf.

	Sequenz	[M+1H]1+	[M+2H]2+	[M+3H]3+	[M+4H]4+	[M+5H]5+	2 min KI$_3$	4 min KI$_3$	2 min BEADS	4 min BEADS	Nicht iodiert
0 x oxidiert	CELAAAMK	893.42194	447.21461				8509975	7037682	2306056	2286273	2703164
1 x oxidiert	CELAAAMK	909.41685	455.21206	303.81047			152915	126750	63567	68260	44464
2 x oxidiert	CELAAAMK	925.41176	463.20952	309.14211			9741	5034	0	0	0
0 x iodiert	HGLDNYR	874.41659	437.71193				7544358	5309849	4909354	4515915	4418037
1 x iodiert	HGLDNYR	1000.31323	500.66026	334.10926			1486920	1807891	1388327	107477	0
2 x iodiert	HGLDNYR	1126.20988	563.60858	376.07481			2212357	3438639	255957	200875	1969*
3 x iodiert	HGLDNYR	1252.10652	626.55690	418.04036	313.78209		72574	147159	0	15308	0
4 x iodiert	HGLDNYR	1378.00316	689.50522	460.00591	345.25625		0	0	0	0	0
0 x iodiert	GYSLGNWVCAAK	1325.63068	663.31898	442.54841	332.16313		287536	114560	1714110	1251863	1935352
1 x iodiert	GYSLGNWVCAAK	1451.52733	726.26730	484.51396	363.63729		665405	274048	162399	413094	0
2 x iodiert	GYSLGNWVCAAK	1577.42397	789.21562	526.47951	395.11145	316.29062	4302651	4100000	83490	291321	3846300
0 x iodiert	NTDGSTDYGILQINSR		877.42120	585.28323	439.21424	351.57285	10669598	7902398	4342947	4346087	3846300
1 x iodiert	NTDGSTDYGILQINSR		940.36953	627.24878	470.68840	376.75218	339513	1188012	377721	5399	48231
2 x iodiert	NTDGSTDYGILQINSR		1003.31785	669.21432	502.16256	401.93151	1131619	15467	88738	0	0
0 x oxidiert	IVSDGNGMNAWVAWR		838.40411	559.27183	419.70569	335.96601	3338460	1772580	2393455	2298207	2136161
1 x oxidiert	IVSDGNGMNAWVAWR		846.40156	564.60347	423.70442	339.16499	2108421	867858	393752	353667	251253
2 x oxidiert	IVSDGNGMNAWVAWR		854.39902	569.93511	427.70315	342.36397	748157	474842	16874	43280	0

F Anhang

	Sequenz	2 min KI₃		4 min KI₃	
		[cps]	[%]	[cps]	[%]
0 x iodiert	HGLDNYR	7544358	67	5309849	50
1 x iodiert	HGLDNYR	1486920	13	1807891	17
2 x iodiert	HGLDNYR	2212357	20	3438639	32
3 x iodiert	HGLDNYR	72574	1	147159	1
4 x iodiert	HGLDNYR	0	0	0	0
	Gesamt	11316209	100	10703538	100
0 x iodiert	GYSLGNWVCAAK	287536	5	114560	3
1 x iodiert	GYSLGNWVCAAK	665405	13	274048	6
2 x iodiert	GYSLGNWVCAAK	4302651	82	4100000	91
	Gesamt	5255592	100	4488608	100
0 x iodiert	NTDGSTDYGILQINSR	10669598	87	7902398	84
1 x iodiert	NTDGSTDYGILQINSR	339513	3	377721	4
2 x iodiert	NTDGSTDYGILQINSR	1188012	10	1131619	12
	Gesamt	12197123	100	9411738	100

Tabelle F-14: Zusammenfassung der Peakflächen aus Tabelle F-14 der jodierten und nicht jodierten Peptide mit KI₃ und deren Anteil in Prozent.

	Sequenz	2 min IODO-BEADS		4 min IODO-BEADS	
		[cps]	[%]	[cps]	[%]
0 x iodiert	HGLDNYR	4909354	93	4515915	93
1 x iodiert	HGLDNYR	138327	3	107477	2
2 x iodiert	HGLDNYR	255957	5	200875	4
3 x iodiert	HGLDNYR	0	0	15308	0
4 x iodiert	HGLDNYR	0	0	0	0
	Gesamt	5303638	100	4839575	100
0 x iodiert	GYSLGNWVCAAK	1714110	87	1251863	64
1 x iodiert	GYSLGNWVCAAK	162399	8	413094	21
2 x iodiert	GYSLGNWVCAAK	83490	4	291321	15
	Gesamt	1959999	100	1956279	100
0 x iodiert	NTDGSTDYGILQINSR	4342947	100	4346087	97
1 x iodiert	NTDGSTDYGILQINSR	5399	0	48231	1
2 x iodiert	NTDGSTDYGILQINSR	15467	0	88738	2
	Gesamt	4363813	100	4483056	100

Tabelle F-15: Zusammenfassung der Peakflächen aus Tabelle F-14 der jodierten und nicht jodierten Peptide mit IODO-BEADS und deren Anteil in Prozent.

G ABKÜRZUNGSVERZEICHNIS

G.1 Allgemeine Abkürzungen

µ	Mikro-
Abs	Absorption
Ac	Actinium
ACN	Acetonitril
Anti-BSA	Chicken anti-bovine albumin
Anti-Casein	Rabbit anti-bovine casein
Anti-IgG	Anti-rabbit IgG
Anti-Lysozym	Rabbit anti-chicken lysozyme
bidest.	bidestilliert
BSA	Bovine Serum Albumin
c	Konzentration
CBB	Coomassie-Brilliantblau
Cd	Cadmium
Ce	Cer
CID	kollisionsinduzierte Fragmentierung
cps	Counts per second
CYP	Cytochrom P450; Cytochrome P450
d.h.	das heißt
Da	Dalton (Masse für Moleküleinheit)
DOTA	1,4,7,10-Tetraazacyclododecan-1,4,7,10-tetraessigsäure
DTT	Dithiothreitol
Dy	Dysprosium
ELISA	Enzyme-linked Immunosorbent Assay
Er	Erbium
ESI	Elektrosprayionisierung
et al.	und andere
Eu	Europium
FTICR-MS	Fourier-Transform-Ionenzyklotronresonanz-Massenspektrometer
Gd	Gadolinium
h	Stunde
HAc	Essigsäure
HCl	Salzsäure
HNO_3	Salpetersäure

G Abkürzungsverzeichnis

Ho	Holmium
HPLC	High performance liquid chromatography
I	Iod
IAA	Iodacetamid
ICP	induktiv gekoppeltes Plasma
IEF	Isoelektrische Fokussierung
IfADo	Leibniz-Institut für Arbeitsforschung an der TU Dortmund
IgG	Immunoglobin G
In	Indium
ISAS	Leibniz-Institut für Analytische Wissenschaften – ISAS – e.V.
K	Kalium
KCl	Kaliumchlorid
KH_2PO_4	Kaliumdihydrogenphosphat
KI	Kaliumiodid
KI_3	Kaliumtriiodid
konj	Konjugat
LA	Laser Ablation
La	Lanthan
LC	Flüssigchromatographie
lMW-Marker	Low molecular weight marker
Ln	Lanthanid
Lu	Lutetium
m/z	Masse-zu-Ladungs-Verhältnis
MALDI	matrixunterstützte Laserdesorption/Ionisierung
min	Minute
MS	Massenspektrometer; Massenspektrometrie
MS/MS	Tandem-MS-Experiment
MW	Molekulargewicht
MW-Marker	Dual color molecular weight marker
n	Stoffmenge
Na	Natrium
$Na_2S_2O_4$	Natriumdithionit
NaCl	Natriumchlorid
$NaCO_3$	Natriumcarbonat
$NaHCO_3$	Natriumhydrogencarbonat
$NaHPO_4$	Natriumhydrogenphosphat
NaI	Natriumiodid

G Abkürzungsverzeichnis

NaN_3	Natriumazid
NaOH	Natronlauge
NC	Nitrocellulose
Nd	Neodym
NH_4Ac	Ammoniumacetat
O	Sauerstoff
P	Phosphor
PE	Polyethylen
PBS	Phosphate buffered saline
pI	Isoelektrischer Punkt
ppb	Parts per billion
ppm	Parts per million
Pr	Praseodym
PTFE	Polytetrafluorethylen
Rh	Rhodium
RSD	Relative Standardabweichung
RT	Raumtemperatur
s	Sekunde
S	Schwefel
s.	siehe
S/N	Signal-to-Noise
SCN-DOTA	2-(4-Isothiocyanatobenzyl)-1,4,7,10-tetraazacyclododecan-1,4,7,10-tetraessigsäure
SDS-PAGE	Sodium dodecyl sulfate polyacrylamide gel electrophoresis
Se	Selen
Sm	Samarium
Stabw	Standardabweichung
Tb	Terbium
TBAA	Tetrabutylammoniumacetat
TCEP	Tris(2-Carboxyethyl)-phosphin hydrochlorid
Th	Thulium
Tris	Tris(hydroxymethyl)-aminomethan
u.a.	unter anderem
Y	Yttrium
Yb	Ytterbium
z.B.	zum Beispiel

G.2 Buchstabencode für Standard-Aminosäuren

A	Alanin
R	Arginin
N	Asparagin
D	Aspartat
C	Cystein
E	Glutamat
Q	Glutamin
G	Glycin
H	Histidin
I	Isoleucin
L	Leucin
K	Lysin
M	Methionin
F	Phenylalanin
P	Prolin
S	Serin
T	Threonin
W	Tryptophan
Y	Tyrosin
V	Valin

DANKSAGUNG

Mein spezieller Dank gilt PD Dr. Volker Deckert, Institut für Photonische Technologien, Jena, der die Dissertation am Leibniz Institut für Analytische Wissenschaften – ISAS – e.V. und der TU Dortmund ermöglicht hat.

Darüber hinaus danke ich meinen wissenschaftlichen Betreuer Dr. Norbert Jakubowski, BAM – Bundesanstalt für Materialforschung und -prüfung, Berlin, für die zahlreichen Diskussionen und Anregungen, die zu dieser Arbeit beigetragen haben. Zudem bedanke ich mich für seine weitreichende und anhaltende Unterstützung meiner wissenschaftlichen Laufbahn.

Gleichermaßen bedanke ich mich bei Dr. P. H. Roos, Leibniz-Institut für Arbeitsforschung an der TU Dortmund (IfADo), für die gute Kooperation und die vielen ideenreichen Gespräche.

Mein Dank gilt ferner den verschiedenen Kollegen und Praktikanten, die an Einzelprojekten der Arbeit mitgewirkt haben. Im Besonderen möchte ich an dieser Stelle Ingo Feldmann (Einarbeitung in die LA-ICP-MS), Dr. Heiko Hayen (ESI-MS), Maria Becker (TXRF) und Inge Bichbäumer vom IfADo (Cytochrom P450) hervorheben.

Zum Schluss möchte ich mich von ganzem Herzen bei meinem Partner und meiner Familie für die anhaltende Unterstützung und ihr Verständnis bedanken.

I want morebooks!

Buy your books fast and straightforward online - at one of world's fastest growing online book stores! Environmentally sound due to Print-on-Demand technologies.

Buy your books online at
www.morebooks.shop

Kaufen Sie Ihre Bücher schnell und unkompliziert online – auf einer der am schnellsten wachsenden Buchhandelsplattformen weltweit! Dank Print-On-Demand umwelt- und ressourcenschonend produziert.

Bücher schneller online kaufen
www.morebooks.shop

KS OmniScriptum Publishing
Brivibas gatve 197
LV-1039 Riga, Latvia
Telefax: +371 686 204 55

info@omniscriptum.com
www.omniscriptum.com

Printed by Books on Demand GmbH, Norderstedt / Germany